The Sense of Variety

"剪"出综艺感

阿猪不是猪 著

让视频更有趣的剪辑

案例教程

U0191592

人民邮电出版社

北京

图书在版编目（CIP）数据

"剪"出综艺感：让视频更有趣的剪辑案例教程 / 阿猪不是猪著. -- 北京：人民邮电出版社，2023.8
ISBN 978-7-115-61690-6

Ⅰ．①剪… Ⅱ．①阿… Ⅲ．①视频制作—教材 Ⅳ．
①TN948.4

中国国家版本馆CIP数据核字(2023)第078925号

内 容 提 要

　　本书是为视频后期制作新手编写的系统性入门教程，主要内容包括综艺感剪辑概述、图像处理和剪辑软件简介、综艺感基础剪辑流程与实操、综艺感进阶剪辑技巧、综艺感口播视频剪辑手法、综艺感 Vlog 剪辑模式与技法、综艺感花絮剪辑流程与技法等。全书为读者提供了细致的案例讲解，根据步骤讲解和技巧提示，读者能够一步一步掌握更多的视频剪辑技巧，提升剪辑效率。

　　本书不仅适合没有任何视频后期处理基础的"小白"，也适合影视行业的专业剪辑师、各领域的视频博主参考学习。希望各位读者在阅读完本书后，能够学有所得，举一反三，创作出有趣的综艺感视频作品。

◆ 著　　　　　阿猪不是猪
　　责任编辑　　张　贞
　　责任印制　　陈　犇

◆ 人民邮电出版社出版发行　　北京市丰台区成寿寺路 11 号
　　邮编　100164　　电子邮件　315@ptpress.com.cn
　　网址　https://www.ptpress.com.cn
　　北京印匠彩色印刷有限公司印刷

◆ 开本：700×1000　1/16
　　印张：14　　　　　　　　　　　2023 年 8 月第 1 版
　　字数：302 千字　　　　　　　　2023 年 8 月北京第 1 次印刷

定价：89.00 元

读者服务热线：(010)81055296　印装质量热线：(010)81055316
反盗版热线：(010)81055315
广告经营许可证：京东市监广登字 20170147 号

在信息爆炸的时代，人们娱乐放松的方式变得更为多元。而《爸爸去哪儿》《极限挑战》《向往的生活》《密室大逃脱》等热门综艺能够抢占眼球、频登热搜，除了节目主题与当下年轻人的生活相契合，有趣的后期剪辑也为节目呈现出的综艺感添色不少。

一、本书编写目的

本书是为综艺感后期制作新手编写的系统性入门教程，涵盖图像处理工具和剪辑工具的使用，以及具体案例的制作等实用内容，不仅有助于提升读者的综艺感后期制作水平，还有助于提升读者的综艺感剪辑思维。

二、本书内容安排

本书共7章，章节名称和每章内容速览如下表所示。

章 名	内容速览
第 1 章 什么是综艺感剪辑	本章会带大家理解什么是综艺感剪辑，以及什么是综艺感剪辑所需要的节奏感
第 2 章 图像处理和剪辑软件	针对不同需求的人群，本章将会介绍常用的两种剪辑软件和一种图像处理软件，分别是方便快捷的视频剪辑工具——剪映、功能强大的剪辑工具——Premiere Pro，以及功能强大的图像处理工具——Photoshop
第 3 章 综艺感基础剪辑	本章将介绍剪辑的基础流程，并分别在 Premiere Pro 和剪映中对每一流程的具体操作进行讲解说明
第 4 章 综艺感进阶剪辑	本章将从丰富画面、声音设计、文字设计 3 个方面入手，使用剪映专业版、Premiere Pro 及 Photoshop 这 3 款软件，结合具体案例，对如何完善剪辑、提升画面质感进行讲解说明
第 5 章 综艺感口播视频剪辑	本章将介绍两种常见的口播类型，并对如何制作具有综艺感的口播进行说明
第 6 章 综艺感 Vlog 剪辑	本章将会对 Vlog 的 4 种元素和两种模式进行说明，并向读者介绍能使普通 Vlog 变成综艺感 Vlog 的制作小技巧
第 7 章 综艺感花絮剪辑	本章将结合具体案例，对如何剪辑花絮、制作趣味视频进行说明

三、本书亮点

体系完备 超强干货

本书共7章，软件使用、案例制作一网打尽。全书包含49个具体案例，每个案例后附有提炼要点的笔记小结，方便读者快速掌握。书中还穿插有59个技巧提示，有助于提升剪辑效率。

快乐学习 细致讲解

本书不仅展示了各种趣味视频效果，还具体到每一步骤，为读者提供了细致的案例讲解。根据步骤讲解和技巧提示，读者能够一步一步掌握更多的视频剪辑技巧。

融会贯通 形成思路

除了具体案例制作，本书还向读者介绍了部分剪辑手法的应用场合、剪辑思路，有助于读者形成自己的剪辑风格。

配套资源 实操练习

随书附赠部分案例的剪辑素材和教学视频，扫描右侧二维码，添加企业微信，回复本书51页左下角的5位数字，即可获取配套资源下载链接。资源下载过程中如有疑问，可通过客服邮箱与我们联系。联系邮箱：baiyifan@ptpress.com.cn。

四、作者信息

读者朋友可以在小红书或哔哩哔哩这两个平台搜索并关注作者账号"阿猪不是猪"，作者将在平台账号内持续更新各种剪辑技巧，分享剪辑思路。

五、特别提示

本书案例所使用的剪辑工具为Premiere Pro 2022、剪映专业版（2022版）；图像处理工具为Photoshop 2022。如果读者在实际操作的过程中，发现软件界面或功能区排布发生了变化，可能是由于所使用的版本不同所致。在一般情况下，这3个软件不同版本间功能不会发生太大改变，读者可以根据书中的提示，举一反三进行操作。

最后，书中难免有不足和疏漏处，请广大读者朋友多多包涵。

第 1 章

什么是综艺感剪辑

◆ ◆ ◆

在学习综艺感剪辑之前，我们需要了解什么是综艺。

很难用一两句话说清楚综艺节目是什么，但当一个节目出现在我们面前，大部分人都可以凭借自己的经验，判断出它是不是综艺节目。从前，在很多人的印象中，综艺节目就是《快乐大本营》《星光大道》《非诚勿扰》《同一首歌》等这样的节目，而现在，更为人所知的综艺节目，则是《快乐再出发》《向往的生活》《爸爸去哪儿》等节目。时过境迁，综艺节目的形式虽然发生了一些改变，但带给人们的欢乐却依旧不变。

而一个综艺节目是否好看，除了看主持人和嘉宾的发挥，后期剪辑也有着不容小觑的作用。优秀的综艺剪辑能够把控节奏、突出亮点、制造悬念、赋予节目戏剧张力、吸引观众眼球。那么，是什么能让剪辑具有所谓的"综艺感"呢？

本章会带大家理解什么是综艺感剪辑，以及什么是综艺感剪辑所需要的节奏感。

什么是综艺感剪辑

　　综艺感剪辑是什么？综艺感剪辑能为我们带来什么？我们为什么要学习综艺感剪辑？我们可以先在心里问自己这三个问题。在阅读完本节后，相信大家会获得答案。

　　综艺感剪辑能把原本平平无奇的视频片段组合在一起，使其变得妙趣横生且符合逻辑。专业的综艺节目制作通常有大量的素材可以挑选，但普通人并不具备这样的条件，日常生活中不会像电视节目一样有那么多机位。那么，对于短视频博主，或者是想记录生活的普通人，应该怎样利用有限的素材，制作出具有综艺感的视频呢？

　　要让我们的视频和综艺感挂钩，首先要了解综艺节目的特性。

提供情绪价值

　　综艺节目最大的特性是能为观众提供情绪价值，多种多样的综艺节目能给观众带来快乐。当工作了一天的人身心俱疲地回到家，比起需要思考的探索节目和感受现实的新闻节目，肯定更愿意看让人放松、让人感到快乐的电视节目，如图 1-1 和图 1-2 所示。这就是综艺节目提供的情绪价值。

图 1-1

图 1-2

不确定性

综艺节目中的不确定性，更加加深了观众的好奇心。比如在游戏节目中，输了的一方需要接受惩罚，那么，两个队的输赢就成了一个悬念，如图 1-3所示。在游戏过程中，观众会期待游戏结果，与此同时，游戏过程中也会产生不确定的笑点，让观众体会到综艺节目的趣味性。

图 1-3

引发观众共鸣感

综艺节目还能引发观众的共鸣，让观众与嘉宾感同身受，如图1-4所示。比如综艺节目《灿烂的前行》，这是一档关于自我成长、治愈创伤，关于自信、关于感情的节目。在节目中，可以看到每个人的真诚和努力，认真地活出自我，这些都能让观众感同身受，引发共鸣。

图 1-4

紧跟社会热点

综艺节目是一种大众文化消耗品，它能紧跟社会热点，为屏幕前的广大观众提供"精神食粮"，比如综艺节目《爸爸去哪儿》和《向往的生活》。

由于都市的快节奏生活，父母和孩子间很难有机会共享天伦之乐，《爸爸去哪儿》的制作初衷是给80后父母们提供一部生活教育百科全书。再看综艺节目《向往的生活》，由于繁忙的都市生活让人们感到压力和浮躁，有调查显示，有近四成的人希望远离喧嚣，避开拥挤，向往着从城市搬到农村。呼吸自然的空气，寻找内心的声音，这就是《向往的生活》这档节目的制作初衷。

可以看到，这些综艺节目的制作，都以当下生活、社会事实为背景。人们想放慢生活节奏，但是工作生活让人们不得不快速向前。家长们想陪伴孩子，却为了生活不得不离开孩子努力工作。从某种程度上，这些综艺也满足了人们对生活的理想化想象，如图 1-5所示。

图 1-5

结合当下热梗

大家有没有发现，不管多火爆的综艺节目，在一段时间后，都会慢慢淡出人们的视野。由于综艺节目往往与我们当下的生活结合得非常紧密，很多"热梗"可能只有当时的人才看得懂。比如，出自电视剧《巴啦啦小魔仙》的热梗"雨女无瓜"，剧中角色游乐王子常说"与你无关"，但是因为口音问题，听起来很像"雨女无瓜"，因此"雨女无瓜"就被认为是"与你无关"的谐音，常常出现在很多综艺节目中。而很多没有看过《巴啦啦小魔仙》的10后、20后们，可能根本就不知道这个梗。这也可以解释，为什么国外综艺节目，外国人觉得很好笑，而我们不知道笑点在哪儿。

综艺节目的形式

　　说完了综艺的节目特性，接下来将为读者介绍综艺节目的形式。综艺节目的形式基本由固定或根据节目发展取得的人设、固定的游戏流程、不确定的故事发展组成。

节目人设

　　可以看到，在综艺节目中，每个出演者都会有至少一个人设。例如在某综艺节目中，一位嘉宾在玩游戏时，5个人撕他的姓名牌，他把这几个人从一楼拉到二楼，坚持了至少5分钟，由于他力气大，头脑又很聪明，所以被称为"能力者"；另外一位嘉宾因为在各项任务中都完成得特别出色，甚至很多男性成员都无法完成的"恐怖"任务，她都能轻而易举地完成，所以被称为"ACE"（即游戏中最优秀的玩家），等等。这些人设会贯穿整个综艺节目。

游戏规则

　　节目中游戏规则是早已设定好的，例如某综艺节目中的"铃铛追击游戏"。游戏中，队员分为任务队和追击队，任务队要完成一定的任务，同时保护自己的名牌不被撕掉；追击队要在鞋上系着铃铛，追击任务队，撕掉任务队的名牌。每一期节目由固定成员和不同嘉宾参与游戏，根据每期节目不同的主题，分不同的队伍进行比赛，最后获胜一方会获得奖品。

不确定的故事发展

　　根据人设和设定好的游戏规则展开游戏，接下来就是看参与者在游戏规则下，如何根据自己的选择和行动来完成游戏，这样就增加了节目的不确定感和多样性。

　　所以，要让我们的视频有综艺感，需要有一个能勾起观众兴趣的节目形式，在节目的大致框架上，设计增添各种有趣的、能引发观众共鸣感和好奇心的创意点。想清楚这些问题，我们的综艺感视频也就成功了一半。

1.3 提升节奏感的剪辑手法

决定观众是否可以看完这个视频的首要条件，就是接下来要讲的"节奏感"。

好的视频节奏可以引人入胜，使观众看完意犹未尽。没有节奏感的视频则会让人觉得无聊拖沓，看不下去。这里说的节奏感，就是视频的"变化"。通俗来说，就是让平静的画面，有轻重缓急的对比。对比的形式有很多种，例如故事的节奏，画面声音产生的节奏，镜头运动产生的节奏等等。只要出现了对比，就产生了节奏。

刚接触剪辑的小白，面对拍摄好的素材，肯定会无从下手。如果了解了一些常用的剪辑手法，就能快速抓住视频的高光点，知道自己该如何处理视频素材。接下来将为大家介绍几个在剪辑时经常用到的剪辑手法。

跳剪

电影剪辑中的跳剪也被称为"跳跃剪辑"，这是一种不需要技巧的剪辑手法。通过切断动作的连贯性，达到省略叙事的效果。像王家卫电影《花样年华》中，陈太在宾馆中走动的画面，就运用了跳剪的手法，通过跳剪剪辑打乱了动作的顺序，以映射陈太内心的慌张和无措。感兴趣的读者可以直接去观看原版视频，影片中用到了大量这种跳剪的剪辑手法。

图1-6

结合我们自己的拍摄，举个例子，在制作Vlog时，需要一段早上起床到出门的画面。从头到尾拍摄完毕后，在进行剪辑时，只需要保留其中起床、刷牙、换好衣服、出门这些重要画面，将它们拼接在一起即可。诸如收拾东西，走来走去这些"废镜头"则可以全部删除掉。如果是使用固定机位拍摄的镜头，可以缩放视频画面的比例，使景别发生变化，让同一机位拍摄的视频画面，看上去是由不同机位拍摄的，这样可以增加画面的丰富性，如图 1-6 至图 1-8 所示。在此基础上，再设计增添各种有趣的、能引发观众共鸣感和好奇心的创意点。想清楚这些问题，我们的综艺感视频也就成功了一半。

图1-7

图1-8

快切

快切能够通过镜头的快速切换，来形成节奏变化。很多电影中的打戏片段，都是由很多动作镜头快切组成的，如图 1-9 和图 1-10 所示。这些快速变化的镜头与音效相结合，使电影充满了紧张感。

图 1-9　　　　　　　　　　　　　　　　　　图 1-10

结合我们自己的视频，拿下班回家来说，可以把开门、脱鞋、放包、放衣服、洗手，这些不同场景中碎片化的画面，使用快切的手法进行卡点剪辑，使观众短时间内看到很多画面，表现出画面变化的节奏感。

旁白

旁白就是把心理活动用语言的方式表达出来，一般用于表达内心想法，或者补充剧情。结合我们自己的视频，如果视频中采用的都是相同的画面和声音，观众会产生疲惫感，此时如果加上一点别的声音，就能消除观众的疲惫感。使用旁白就是一种很好的方式，纪录片中的解说词就是典型的旁白。

央视的美食纪录片《舌尖上的中国》就运用了大量的旁白配音，如图 1-11 和图 1-12 所示。影片中解说词旁白不仅仅介绍了画面内容，同时补充了画面无法展示的内容，成为整个影片串联情节的线索。同时，旁白还具有抒情的作用，有助于奠定视频的情感基调。

图 1-11　　　　　　　　　　　　　　　　　　图 1-12

重复

合理使用重复的画面和声音，有助于增强观众的记忆和视频的趣味性。这种剪辑手法除了在综艺节目中常常出现，在短视频中也经常会用到。下面将对重复这一剪辑手法的类型进行介绍说明。

单纯的镜头重复

在拍摄口播内容时，如果主持人说了一句有趣的话，我们可以将之剪辑出来，重复这句话，加深观众印象，这样有助于提升视频趣味性。

递进式重复

以打篮球为例，我们可以将进球的那一瞬间剪辑出来，重复播放这一片段，在此基础上使重复画面由小到大递增变化，增加重复画面冲击力，来强调这个进球画面，如图 1-13和图 1-14所示。

图 1-13

图 1-14

多机位重复剪辑

专业的综艺节目拍摄使用的机位较多，同一个场景往往会有不同方位的拍摄素材，如图 1-15和图 1-16所示。以掉东西为例，在剪辑的时候，可以用一个正面的特写镜头外加一个侧面的中景镜头进行重复剪辑，使用不同机位对同一段视频画面进行呈现。

图 1-15

图 1-16

倒放

倒放是一种剪辑手法，一般用于回忆的视频片段。在视频中，当人物忘记或找不到某样东西时，就可以使用加速回忆倒放的剪辑手法，帮助观众理解，嘉宾是在哪里遗落东西的，如图 1-17 所示。

图 1-17

定格

定格指的是画面的突然静止，常用来突出人物动作和表情。正在进行中的画面，突然出现定格，能够打破现有环境的节奏。同时，在定格画面中加上对应的花字和包装效果，可以起到增强视频节奏的作用，如图 1-18 所示。

图 1-18

分屏

当我们想在一个屏幕上同时展现两个或多个画面时，就可以使用分屏手法。只需要对素材进行裁剪，并对其位置进行调整，就可以做出这种效果。分屏效果能让画面的连接更加紧密。

比如，旅游时拍摄了大量的风景素材，可以使用分屏这一剪辑手法拼接这些素材，使观众能在最短的时间内，预览最多的内容，如图 1-19 所示。

图 1-19

以上案例供读者们参考和发散思维，在实际剪辑过程中还会遇到很多有趣的事情。平时多看综艺节目，也能增加读者们对综艺感的领会，以扩充剪辑思路。

第 2 章

图像处理和剪辑软件

◆ ◆ ◆

针对需求不同的人群，本章将会向大家介绍常用的两种剪辑软件和一种图像处理软件，分别是方便快捷的视频剪辑工具——剪映、功能强大的剪辑工具——Premiere Pro，以及功能强大的图像处理工具——Photoshop。

方便快捷的剪映

剪映是一款超级方便快捷的剪辑工具，能多平台使用，包括PC端，手机端、pad端等。本书将以PC端的剪映专业版为例，对剪映的操作界面和基本功能进行介绍，让读者对剪映有一个基本的认识。

剪映的欢迎界面

打开电脑版剪映，首先看到的是剪映的欢迎界面，如图 2-1所示。

登录账户： 单击即可使用抖音账号登录剪映，登录后将会显示抖音账户的昵称和头像。

本地草稿： 对应右下方的区域，存有视频剪辑项目的草稿，用户可以查看草稿的名称、缩略图以及所占空间大小。

我的云空间： 登录后即显示，可以理解为个人的云端储存空间。同一账号上传至云空间的剪辑项目，可以多端下载查看。

小组云空间： 登录后即显示，用户可以在此建立一个项目小组，邀请组员加入，然后将工程文件上传至此，就可以与组员共享项目草稿，与组员一同编辑修改工程草稿。

热门活动： 单击即可查看剪映官方近期举办的投稿活动。

开始创作： 单击此按钮，即可进入剪辑界面。

图 2-1

 提示

单击界面左侧的选项，右下侧会切换成与之对应的功能区。

完成剪辑后，只需关闭剪辑界面，当前剪辑项目的草稿将会自动保存在"本地草稿"中。右键单击草稿缩略图，在出现的菜单中单击"上传"选项，可以将草稿上传至云端；单击"重命名"选项，可以重命名草稿；单击"复制草稿"选项，可以复制草稿，复制的文件的名称中将会出现"-副本"字样的后缀；单击"删除"选项或使用Backspace键，即可删除草稿。

剪映的剪辑界面

单击"开始创作"按钮⚫，即可进入剪映的剪辑界面。下面将介绍剪映的各个功能区以及不同功能区的作用。为了方便理解，在此将功能区分为5个板块，分别是素材栏、"播放器"面板、属性栏、工具栏、剪辑区，如图2-2所示。

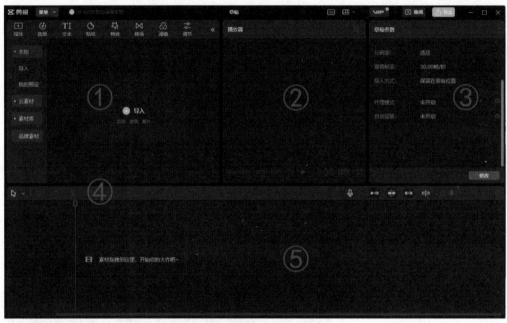

图2-2

1. 素材栏

素材栏上方有"媒体""音频""文本""贴纸""特效""转场""滤镜""调节"以及"素材包"这9个选项，如图2-3所示。

图2-3

进入界面时，此面板默认显示"媒体"选项中的内容，点击其他选项按钮，即可切换面板，跳转显示相应的内容。接下来将分别为大家介绍每个选项中的具体内容。

◉媒体：包括"本地""云素材"和"素材库"3个选项，如图2-4所示。

图2-4

单击"本地"选项，即可导入本地的视频、图片等剪辑所需要的素材。

单击"云素材"选项，即可查看或添加上传至云空间的工程或素材。

单击"素材库"选项，即可查看或添加剪映为用户提供的素材，比如"黑场""白场""彩条""搞笑表情包"等。

 提示

素材库对素材进行了分类，用户既可以按照分类查找素材，也可以在文字输入框中输入关键词搜索所需要的素材。查找素材后，将光标移动至素材上方，此时素材右下角将出现"收藏"🌟和"下载"⬇两个按钮，如图2-5所示。单击"下载"⬇按钮，此素材将会被下载至当前设备，下载完毕后此按钮将会变成"添加到轨道"按钮🔘，单击"添加到轨道"按钮🔘，可将素材添加至剪辑区；单击"收藏"🌟按钮，此按钮将会变成黄色⭐，说明此素材已被用户收藏，如图 2-6所示。已收藏的素材可以在"素材库"选项的"收藏"分类中找到，方便下次取用。

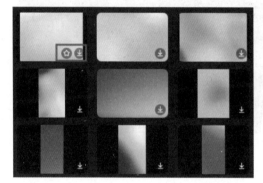

图2-5

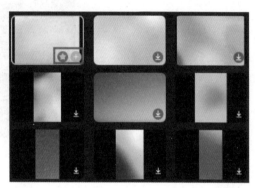

图2-6

🔘**音频：**包括"音乐素材""音效素材""音频提取""抖音收藏""链接下载"5个选项，如图 2-7所示。抖音的音频库为用户提供了很多音效、音乐素材。

图2-7

单击"音乐素材"或"音效素材"选项，用户即可在出现的级联菜单中按分类查找自己所需要的音频文件。用户也可以在文字输入框中输入关键词，直接搜索所需要的音频素材。

单击"音频提取"选项，即可提取视频中的音频文件。

单击"抖音收藏"选项，使用抖音账号登录的用户即可选取并添加收藏在抖音中的音频。

单击"链接下载"选项，可以在输入框中粘贴抖音分享的视频/音乐链接，添加并使用链接对应的音频。

文本： 包括"新建文本""花字""文字模板""智能字幕""识别歌词""本地字幕"6个选项，如图 2-8所示。在此可以添加视频所需要的文字内容。

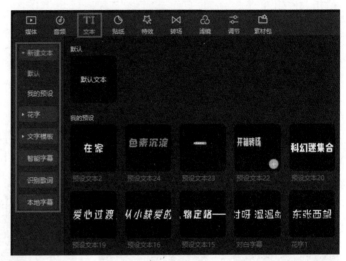

图2-8

单击"新建文本"选项，将会出现包含"默认"和"我的预设"两个选项的级联菜单。单击"默认"选项，可以将"默认文本"添加至剪辑区，用户可以将其更改为喜欢的样式。用户在制作好文字样式后，单击"保存预设"，就可以在"我的预设"选项中查看并使用了。

单击"花字"选项，用户可以将剪映提供的花字样式直接拖入剪辑区中使用。

单击"文字模板"选项，即可查看剪映所提供的文字模板，用户只要更改其中的文字就可以直接使用。

单击"智能字幕"选项，即可使用"识别字幕"和"文稿匹配"这两个功能。使用"识别字幕"功能，可以识别音/视频中的人声，自动生成字幕。使用"文稿匹配"功能，输入音/视频对应的文稿，文稿将会自动匹配画面。

单击"识别歌词"选项，即可识别音轨中的歌词，并自动在时间轴上生成字幕文本，目前仅支持普通话歌词。

单击"本地字幕"选项，即可导入本地字幕，目前支持SRT、LRC、ASS字幕。

●**贴纸:** 剪映的贴纸素材库为用户提供了大量贴纸素材,如图 2-9所示。用户可以搜索关键词进行查找,也可以按照分类进行查找。

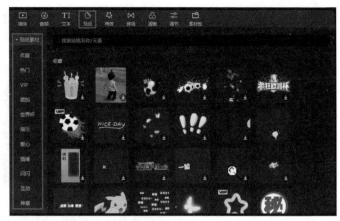

图 2-9

●**特效:** 剪映为用户提供了很多可以直接使用的特效,如图 2-10所示。用户可以依据分类关键词进行查找,选择添加适合的特效。

图 2-10

●**转场:** 转场指的是两段视频之间的过渡效果。除了基础的溶解、滑动等转场素材,剪映还为用户提供了幻灯片、综艺效果等各类转场,用户可以根据分类进行查找,如图 2-11所示。选择合适的转场效果,将之拖至剪辑区中两段视频之间,即可为视频添加转场效果。

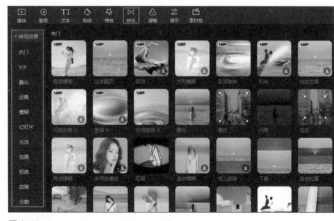

图 2-11

⊙滤镜: 剪映的滤镜库中包含大量滤镜素材,用户可以根据分类进行查找,如图2-12所示。将合适的滤镜素材直接拖入视频,即可调整视频画面的整体调性。

图2-12

☷调节: 包括"调节"和"LUT"两个菜单选项,如图2-13所示。

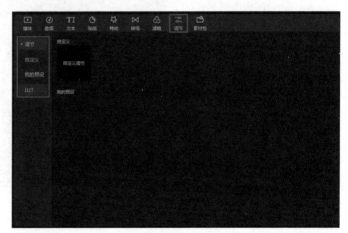

图2-13

单击"调节"选项,将会出现包含"自定义"和"我的预设"两个选项的级联菜单。单击"自定义"选项,将其中的素材"自定义调节"拖动至剪辑区,即可添加一个自定义调节素材。用户可以根据自己对画面的理解,在"属性栏"中根据自己的需求对"基础""HSL""曲线""色轮"4个选项卡中的参数进行设置,设置完毕后,单击"保存预设"按钮 保存预设 ,即可将设置好的参数作为预设保存至"我的预设"中。需要使用预设对素材进行调节时,直接从"我的预设"分类中取用即可。

单击"LUT"选项,即可导入外部的LUT文件对画面进行调节。

素材包： 素材包可以理解为组合好的素材组，如图 2-14所示。用户可以直接将之拖入剪辑区使用。将素材包拖入剪辑区后，用户可以根据自己的需求，双击组合中的某一素材，即可对此素材进行修改。

图 2-14

2. 播放器

把素材添加至剪辑区后，可以在"播放器"面板看到相对应的画面内容，如图 2-15所示。在剪辑区移动预览轴，就可以直接在"播放器"面板中查看预览轴所处时间点的画面内容了。

图 2-15

3. 属性栏

属性栏是调节素材参数的操作板块。单击剪辑区中的素材,属性栏中将会出现属性选项,所选的素材不同,属性栏中出现的效果选项也不同。对于视频素材来说,主要包含"画面""音频""变速""动画""调节"5个选项,如图 2-16 所示。

图 2-16

接下来将分别为大家介绍每个选项中的具体内容。

画面:单击"画面"选项,面板中将会出现"基础""抠像""蒙版""美颜美体"4个选项,单击其中一个选项,即可切换至相应的选项卡。选中素材后,属性栏默认显示"基础"选项卡,如图 2-17 所示。

在"基础"选项卡中,可以对素材的"缩放""位置""旋转""不透明度"等参数进行设置;在"抠像"选项卡中,可以进行"色度抠图""智能抠像"等操作;在"蒙版"选项卡中,可以选择添加常用的蒙版选框;在"美颜美体"选项卡中,可以对画面中的人物进行瘦脸、瘦身、美白、增高等处理。

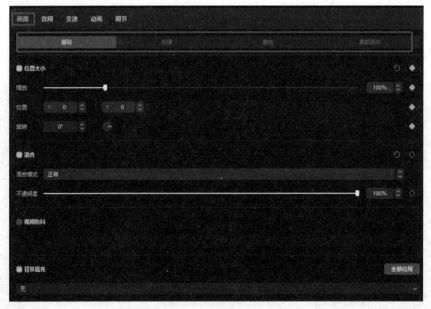

图 2-17

音频:单击"音频"选项,可以对"音量""淡入时长""淡出时长"等参数进行设置,还可以启用"音频降噪""变声"等功能,如图 2-18 所示。

图 2-18

变速：单击"变速"选项，将会出现"常规变速"和"曲线变速"两个选项。单击其中一个选项，即可切换至相应选项卡。单击"变速"选项后，默认显示"常规变速"选项卡，如图 2-19所示。"常规变速"能调节素材的整体速度，而在"曲线变速"选项卡中，则可以调节素材的局部速度，制作多种效果。

图 2-19

动画：单击"动画"选项，可以为素材添加"出场""入场"以及"组合"这3种类型的动画效果，如图 2-20所示。添加动画效果，可以使画面的出入场更加顺滑，也可以增添视频的趣味性。

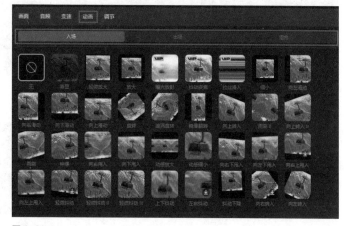

图 2-20

调节： 单击"调节"选项，将会出现"基础""HSL""曲线""色轮"4个选项，可以通过调节这4个选项中的参数，对画面的色彩氛围进行调整。单击其中一个选项，即可切换至相应选项卡。单击"调节"选项后，默认显示"基础"选项卡，如图 2-21所示。

在"基础"选项卡中，用户可以添加LUT预设，也可以对"色温""色调""饱和度"等参数进行设置；在"HSL"选项卡中，用户可以调整单个指定颜色"色相""饱和度""亮度"3个参数的数值；在"曲线"选项卡中，用户可以调节素材的颜色曲线；在"色轮"选项卡中，用户可以通过调节色轮来平衡画面色彩。

如果用户对所进行的设置较为满意，可以单击右下角的"保存预设"按钮 保存预设 将之保存。需要取用已保存预设时，用户可以在素材栏中单击"调节"按钮 ，再在"我的预设"分类中找到自己制作的预设即可。

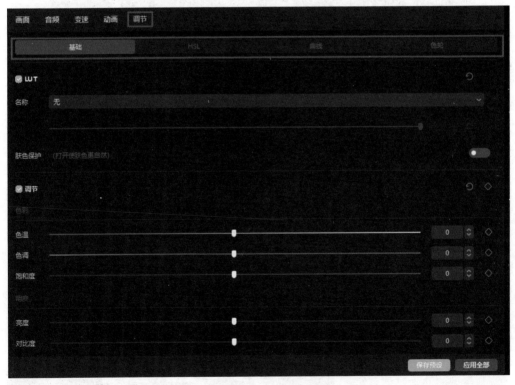

图 2-21

4. 工具栏

工具栏中有剪辑过程中常常会使用的各种基础工具，如图 2-22所示。点击相应的按钮即可进行工具切换。接下来将对这些工具的用途进行说明。

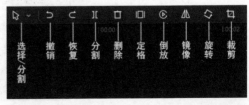

图 2-22

选择/分割：光标默认处于"选择"状态，单击此按钮或使用快捷键Ctrl＋B，可将光标切换为"分割"状态，再次单击此按钮或使用快捷键Ctrl＋A，可将光标切换回"选择"状态。

撤销：单击此按钮或使用快捷键Ctrl＋Z，可撤销上一步的操作。

恢复：单击此按钮或使用快捷键Ctrl＋Shift＋Z，可恢复撤销的指令。

分割：单击此按钮或使用快捷键Ctrl＋B，可在预览轴停留处分割视频。

删除：单击此按钮或使用Delete键或Backspace键，可删除不需要的内容。

定格：单击此按钮，在预览轴停留处将会出现一段3秒的定格画面。

倒放：单击此按钮，可使所选素材片段倒放。

镜像：单击此按钮，可水平翻转所选素材。

旋转：单击此按钮，可以以90°为单位旋转所选素材。

裁剪：单击此按钮，将会弹出画面裁剪对话框。可以在对话框中裁剪所选画面，并调整画面比例。

5. 剪辑区

即视频工程所在的区域，由各种轨道构成，如图 2-23所示。在此可以添加剪辑所需要视频素材、文本、贴纸、滤镜等轨道。将视频或图片素材拖入剪辑区，剪映会根据第一条被拖曳进来的素材的尺寸自动建立与之相同的序列。

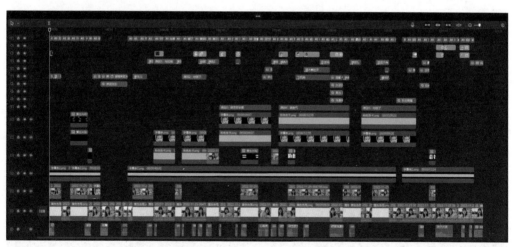

图2-23

以上是对剪映的基本介绍，各功能具体如何应用，将在之后的章节中结合各种有趣的实际案例进行讲解说明。

功能强大的Premiere Pro

Premiere Pro是一款功能强大的专业视频剪辑工具，如图 2-24所示。它功能齐全、注重对视频细节的把控，是追求视频品质的视频制作者的首选。本节将对Premiere Pro这款软件的基础功能进行介绍说明，快速帮助大家认识此款软件。

Adobe Creative Cloud

图 2-24

Premiere Pro的操作界面

Premiere Pro的操作界面主要分为7个板块，如图 2-25所示。下面将分别对各板块的功能进行说明。

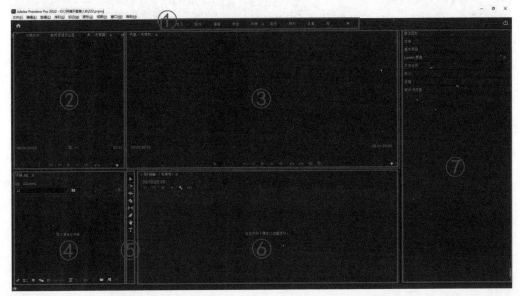

图 2-25

1. 切换工作区面板

菜单栏下方是"切换工作区"面板。按照不同的工作需求，Premiere Pro为用户提供了"学习""组件""编辑""颜色""效果""音频""图形""字幕"等不同的工作区预设，如图 2-26所示。在此面板中点击任一的按钮，即可切换至相应的工作区预设，各个功能区将按照预设重新排列。

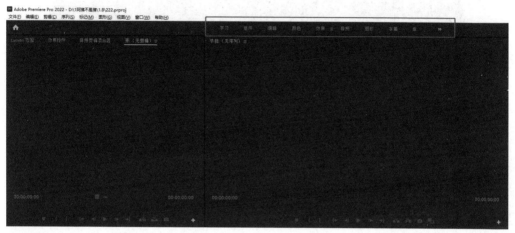

图 2-26

除软件提供的预设以外，在熟练了软件操作之后，用户也可以根据自己的工作偏好调整各个板块的位置。执行"窗口"|"工作区"|"另存为新工作区…"命令，将调整好的工作区布局作为预设保存。

在各板块顶部长按鼠标左键，即可拖动当前面板，更改工作区布局。执行"窗口"|"工作区"|"重置为保存的布局"命令或使用快捷键Alt+Shift+0，可以复原被打乱的工作区布局。

2. 效果控件面板

界面左侧堆放着部分功能面板，如"Lumetri范围""效果控件""音频剪辑混合器"等。单击面板的标题文字，即可打开相应的面板。其中最常使用的是"效果控件"面板，用户可以在此面板中对素材的各项基础参数进行设置。

选中"时间轴"面板中的一段视频轨道，"效果控件"面板中会出现"运动""不透明度""时间重映射"等选项，单击这些选项，即可对素材的"位置""缩放""旋转"等参数进行设置，如图 2-27所示。如果用户给素材添加了效果，也可以在此对所添加的效果的参数进行调节。

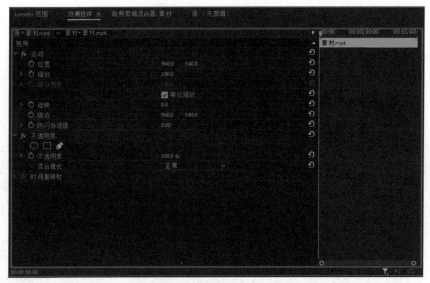

图 2-27

3. 节目面板

　　"节目"面板一般位于"切换工作区"面板下方。用户将素材添加至"时间轴"面板后,"节目"面板中就会出现素材的画面内容,如图 2-28所示。移动"时间轴"面板中的预览轴,就可以在此面板中预览相应时刻的画面内容。

图 2-28

4. 项目面板

写有"导入媒体以开始"字样的面板即为"项目"面板，此面板用于存放剪辑所需要的视频、音频等素材，如图2-29所示。在此面板中双击左键，即可导入素材。

图 2-29

5. 工具栏

工具栏一般位于"时间轴"面板左侧，其中放有常用的剪辑工具按钮，如图 2-30所示。下面将对各项工具的功能进行简要说明。

图 2-30

▶选择工具: 单击此按钮后, 用户可在界面中选择素材、菜单项或其他对象。

➡轨道选择工具: 单击此按钮后, 用户可选择"时间轴"面板中位于光标前侧或后侧的所有轨道片段。

◀▎▶波纹编辑工具: 单击此按钮后, 用户可修剪"时间轴"面板内某剪辑的入点或出点。

◆剃刀工具: 单击此按钮后, 用户可在"时间轴"面板内对素材轨道进行一次或多次切割。

▎◀▶▎外滑/内滑工具: "外滑"可同时更改"时间轴"面板内某素材片段的入点和出点, 并保留入点和出点之间的时间间隔不变; "内滑"可将"时间轴"内的某组剪辑向左或向右移动。

📝钢笔工具: 单击此按钮后, 用户可以在"节目"面板中自由绘制贝赛尔曲线, 建立蒙版图层; 还能在音频轨道中设置关键帧, 制作淡入/淡出等声音效果。

✋手形工具: 单击此按钮后, 用户可向左或向右滑动"时间轴"面板, 查看面板中的各项素材轨道。

Ｔ文字工具: 单击此按钮后, 用户可在"节目"面板的画面中输入文字, 建立文字图层。

以上是一些常用的工具, 将鼠标悬停在工具按钮的上方, 将会显示该工具的名称及启用快捷键, 如图 2-31所示; 鼠标左键长按右下角带有角标的工具按钮, 将会出现菜单选项, 显示被收起的同类工具, 如图 2-32所示。

图 2-31

图 2-32

6. 时间轴(线)面板

写有"在此处放下媒体以创建序列"字样的面板即为"时间轴"面板, 如图 2-33所示, 在部分版本也叫"时间线"面板。此面板是进行视频剪辑的主要区域。当用户将媒体素材添加至"时间轴"面板之后, 系统会根据添加至此面板的媒体素材, 自动建立与之相同格式的序列。

图 2-33

将素材移动至"时间轴"面板, "时间轴"将会出现素材轨道, 默认出现3个视频轨道、3个音频轨道和一个声音混合轨道, 如图 2-34所示。以字母V开头的代表视频轨道, 以字母A开头的代表音频轨道。同一时间轴刻度处如果叠有3条以上素材, 系统将会自动新增轨道; 在轨道前方单击鼠标右键也可以添加轨道。

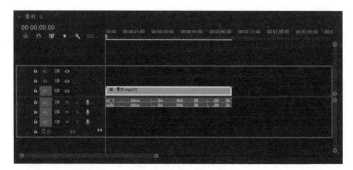

图 2-34

序列表示一组剪辑，一个序列至少包含一个视频轨道和一个音频轨道。

7. 效果面板和Lumetri颜色面板

界面右侧同样堆放着部分功能面板，如"基本图形""效果""基本声音""Lumetri颜色"等，单击面板的标题文字，即可打开相应的面板。其中，"效果"面板和"Lumetri颜色"面板较为常用，下面将对这两个面板的功能进行说明。

单击打开"效果"面板，此面板中放有"Presets"（预设）"Lumetri预设""音频效果""音频过渡""视频效果""视频过渡"等预设效果选项，如图 2-35所示。单击打开相应的选项，或在文字输入框中输入关键词，即可快速找到所需要使用的预设效果。

图 2-35

除了使用软件自带的预设效果，用户还可以通过导入外部预设、添加插件等方式扩充Premiere Pro的效果库。

在"效果"面板中找到所需要的效果后，长按鼠标左键，将效果拖动至"时间轴"面板中需要添加此效果的素材轨道上，即可为素材添加效果。

单击展开"Lumetri颜色"面板，用户可以单击"基本校正""创意""曲线""色轮和匹配""HSL辅助""晕影"等选项，对各项颜色参数进行设置，如图2-36所示。

图 2-36

在"基本校正"选项卡中，可以里调整画面"白平衡""色调""饱和度"等参数；在"创意"选项卡中，可以调整"锐化""淡化胶片""色彩平衡"等参数；在"曲线"选项卡中，可以调节"RGB曲线""色相饱和度曲线"；在"色轮和匹配"选项卡中，可以调节"色轮平衡""画面颜色"；在"HSL辅助"选项卡中，可以对单个颜色的各项参数进行调节；在"晕影"选项卡中，可以设置调节画面晕影的参数。

以上是对Premiere Pro的界面以及基础工作区的介绍，在后续章节中，将结合具体案例，对各项功能进行更详细的说明。

在Premiere Pro中创建项目及导入/导出视频

在对Premiere Pro的基础界面进行介绍后，下面将对在Premiere Pro中如何创建项目、如何导入素材、创作完成后如何导出视频进行说明。

1. 在Premiere Pro中创建项目

启动Premiere Pro软件，出现如图 2-37所示界面。界面的右边是用户之前创建的项目，单击即可打开项目继续创作或修改。界面左边是"新建项目"和"打开项目"两个按钮。单击"打开项目"按钮，可以在媒体浏览器中找到并打开文件格式匹配的项目；而单击"新建项目"按钮，即可新建一个视频剪辑项目。

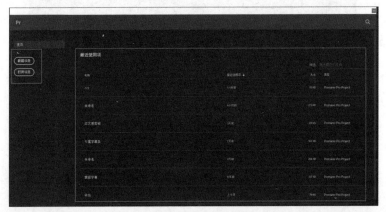

图 2-37

单击"新建项目"按钮后，会弹出名为"新建项目"的对话框，如图 2-38所示，在此可以进行基本设置。

图 2-38

在对话框中，将"名称"中的"未命名"改为希望的视频名称，方便下次打开时查找项目。单击"位置"右侧的"预览"按钮，弹出名为"请选择新项目的目标路径"的对话框，在此修改这个项目的储存路径，方便查找剪辑项目，如图 2-39所示。

图 2-39

其余设置可以不用修改，在"新建项目"对话框中单击"确定"按钮，即可进入视频剪辑界面。

2. 在Premiere Pro中导入素材

双击"项目"面板的空白区域，弹出名为"导入"的对话框，如图 2-40所示。在对话框中选择需要导入的素材，点击"打开"按钮即可将素材添加至"项目"面板。

也可以打开素材所在的文件夹，直接将素材拖入"项目"面板。

图 2-40

提示

调出"导入"对话框的方式有很多，除了双击"项目"面板的空白区域，还有右键单击"项目"面板的空白区域选择"导入"选项、执行"文件"|"导入"命令、使用快捷键Ctrl+I等操作。

导入素材后，"项目"面
板中将会显示所导入素材的缩
略图、名称及时长，如图 2-41
所示。

图 2-41

将"项目"面板中的素材拖入"时间轴"面板，"时间轴"面板的轨道上将会出现相应的素材，"节目"面板中也会出现相应的画面，如图 2-42所示。此时即可开始进行剪辑。

图 2-42

3. 从Premiere Pro中导出视频

视频制作完成后，执行
"文件"|"导出"|"媒体"命令，
弹出名为"导出设置"的对话
框，在此对话框中进行导出设
置，如图 2-43所示。

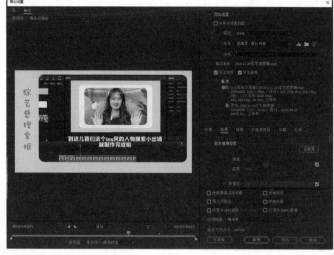

图 2-43

单击"格式"右侧的下拉菜单，将会出现各
种格式选项。如果需要导出的文件是视频，可以
将格式设置为H.264；如果只需要导出音频，可
以将格式设置为MP3。单击"输出名称"右侧的
蓝色文字，如图 2-44所示，可以设置文件的导出
路径和修改文件名称。

图 2-44

单击下方的"视频"选项，可以在"视频"选
项卡中对"比特率"进行设置。拖动"目标比特
率"标尺上的滑块，可以发现比特率数值越高，下
面的估计文件大小就越大，如图 2-45所示。"比
特率"数值越大，画面越清晰。调整好各项设置
后，单击"导出"按钮，即可导出视频。此时，用
户可以在所设置的导出路径中，找到剪辑好的
视频。

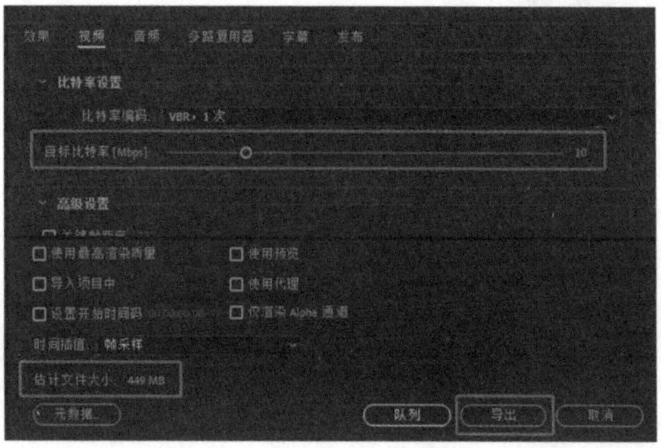

图 2-45

2.3 专业图像处理工具——Photoshop

Photoshop是一个专注于图像处理、功能强大的软件，如图 2-46所示。在制作视频时，制作者可以使用Photoshop制作趣味视频封面、具有个人特色的字幕条、各种各样独一无二的小图标等视频元素。本节将向读者介绍Photoshop的工作界面及部分常用功能，让读者能够使用此软件制作更多专属视频素材。

图 2-46

Photoshop的操作界面

Photoshop的操作界面主要分为菜单栏、工具栏、属性栏、文件标签栏、工作区等9个区域，如图 2-47所示。而图 2-48是简化后的Photoshop界面布局图，读者能够通过此图清晰明了地了解各个面板的分布。

图 2-47

图 2-48

下面将对各板块的功能进行简要说明。

菜单栏：位于界面顶部，常用的菜单基本都能在菜单栏找到。

属性栏：位于菜单栏下方，属性栏的内容会根据用户所选择的工具发生变化，用户可以在此调整所选工具的各项参数。

工具栏：位于界面左侧，放有编辑图片常用的工具，例如抠图使用的"钢笔工具"、吸色用到的"吸管工具"，以及进行绘图的"画笔工具"等，如图 2-49所示。鼠标左键长按右下角带有角标的工具按钮，将会出现菜单选项，显示被收起的同类工具，如图 2-50所示，用户可以根据需求进行取用。

图 2-49

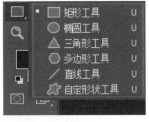

图 2-50

 提示

执行"编辑"|"工具栏"命令，可以增减工具栏中的工具按钮，自定义工具栏。

文件标签栏：位于属性栏下方，显示在Photoshop中所打开文件的名称。如果打开两个或两个以上文件，点击文件标签即可快速在各打开的文件间切换。

扩展窗口区：位于工作区右侧，放置着各种扩展功能按钮，如"历史记录"按钮、"注释"按钮等。点击菜单栏中的菜单"窗口"，用户可以根据使用需求，增减该界面中的窗口。

　　自定义栏：此处堆放着各种窗口，默认显示的是颜色窗口，用户可以根据自身的需求对此处的窗口进行增减。

　　图层栏：用户可以在此面板中对图层进行设置，包括创建/删除图层、显示/隐藏图层、锁定图层、设置图层混合模式、建立图层组等操作。

　　工作区：界面中间的图像显示面板就是工作区，图像编辑的主要操作都是在这个面板完成的。

使用快捷键Ctrl++可以放大工作区视图，使用快捷键Ctrl+-可以缩小工作区视图。

　　工作信息栏：又被称为状态栏，显示当前所编辑文件的基本信息，包括图像的缩放比例、实际尺寸等。在此长按鼠标左键，可以快速地查看文档的详细信息。

　　以上面板的位置均为默认布局，用户可以根据自己的使用习惯重新规划面板布局。拖曳面板至工作区边缘，面板将会自动吸附进入新的区域。执行"窗口"|"工作区"|"复位基本功能"命令，可以一键恢复默认布局。

在Photoshop中创建文档

　　启动Photoshop软件，出现如图 2-51所示界面。界面右侧的"最近使用项"显示的是用户之前编辑过的文件，单击缩略图，即可打开文件继续编辑修改；界面左侧有"新建"和"打开"两个按钮，单击"打开"按钮，可以在媒体浏览器中找到并打开格式兼容的文件；单击"新建"按钮，即可新建文档。

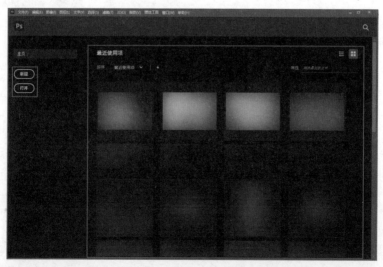

图 2-51

单击"新建"按钮后，
弹出名为"新建文档"的对话
框，如图 2-52所示。在此对
话框中，用户可以选择软件所
提供的文件样式，还可以自行
设置"宽度""高度""分辨
率"等参数，新建样式。

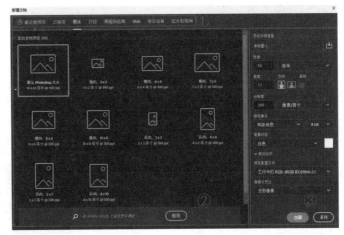

图 2-52

此对话框主要分为3个板块，下面将对各个板块的功能进行说明。

1.预设标签栏：提供了"最近使用项""已保存""照片""打印"等文档预设，点击标签文
字，下方的"空白文档预设"区将会切换成相应的选项卡，提供相应的文档预设。

2.空白文档预设：显示与预设标签相对应的空白文档预设，每个预设下方都标有预设名称
和预设尺寸，如图 2-53所示。在此双击所需要使用的预设，即可快速新建空白文档，进入到
Photoshop的操作页面。

3.预设详细信息：在此用户可以为新建文档命名，对新文档的"宽度""高度""方向""分
辨率"等参数进行设置，如图 2-54所示。单击文档名称右侧的
"保存"按钮，还可以将设置好的参数作为预设保存。保存
预设后，单击标签"已保存"即可查看所有已保存的预设。完成
参数设置后，单击"创建"按钮，即可进入Photoshop的操作
页面。

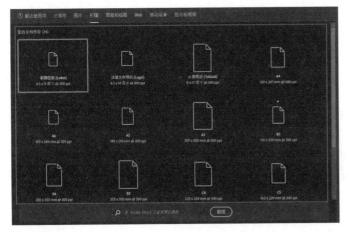

图 2-53

图 2-54

建立图层和图层组

在使用Photoshop制作图片素材时，一张制作完成的图片通常会由许多图层构成。对于新手来说，弄清楚图层的前后顺序，学会锁定图层、调节图层可见性等操作都很重要。下面将对有关图层的设置以及操作要点进行说明。

在Photoshop中打开图片，如图 2-55所示，在"图层"面板中可以看到，此图片由3个图层组成，分别是文字图层"阿猪"、内容物图层"车车"、背景图层"白色"，如图 2-56所示。

图 2-55　　　　　　　　　　　　　　　　　　图 2-56

单击图层前方的"眼睛"按钮 👁 ，可以隐藏图层，此时该图层处于不可见状态。再次点击"眼睛"按钮 👁 ，即可恢复图层的可见性。

单击图层上方的"锁定"按钮 🔒 ，可以锁定当前图层。此时图层右侧出现"已锁定"按钮 🔒 ，提示用户此图层处于锁定状态，单击此按钮，即可解除图层锁定。

可以将图层理解为一张一张叠在一起的纸，上方图层的内容会盖住下方图层的内容。在"图层"面板中，图层上下排列的顺序，影响着图片内容的显示。

当"图层"面板中内容物图层"车车"位于文字图层"阿猪"上方时，在工作区显示的画面中，图像"车车"将会遮住文字"阿猪"，如图 2-57所示。

图 2-57

如果"图层"面板中文字图层"阿猪"位于内容物图层"车车"上方，在工作区显示的画面中，文字"阿猪"将会遮住图像"车车"，如图 2-58所示。

图 2-58

在制作画面元素很多的图片素材时，通常会建立很多图层。但过多的图层会使人感到眼花缭乱，出现误删图层等错误操作，这时候可以建立图层组，对图层进行管理。

图层组相当于一个文件夹，单击"图层"面板底部的"创建新组"按钮▣，即可新建一个图层组。将同一画面元素的所有图层拖进同一个图层组中，无论组中有多少图层，折叠后一个图层组将都只占用一个图层的空间。

将图层拖入图层组时，需注意各图层的排列顺序。

还可以使用快捷键同时选中所需图层，快速建立图层组。按住Ctrl键，单击需要并入同一图层组的所有图层，选择完成后使用快捷键Ctrl＋G，此时，所选择的图层并入了同一图层组，如图 2-59所示。展开图层组，可以对这两个图层进行单独编辑，如图 2-60所示。

图 2-59

图 2-60

从Photoshop中导出文件

在完成图片制作以后，需要把文件导出使用。执行"文件"|"导出"|"导出为"命令或使用快捷键Alt+Shift+Ctrl+W，就会弹出名为"导出为"的对话框，如图 2-61所示。在此对话框中，用户可以对导出文件的"格式""品质""图像大小""画布大小"等参数进行设置。

图 2-61

不同的图片格式适用于不同的场合。从Photoshop中导出的文件通常有PSD、JPG、PNG、GIF这几种格式。下面将对这些文件格式进行介绍说明。

PSD格式：此格式是Photoshop默认的存储格式，适用于存储工程文件。执行"文件"|"储存"命令或使用快捷键Ctrl＋S，会弹出名为"储存为"的对话框，如图 2-62所示。在对话框中可以选择储存路径、修改文件名、选择保存类型。单击"保存"按钮，此时保存的就是PSD格式的工程文件。

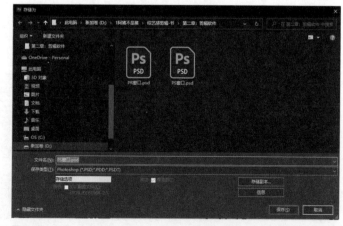

图 2-62

PSD工程文件可以保留用户在Photoshop中的所有设置，包括图层、路径、通道等，但此种格式的文件只有Adobe系列的部分软件可以打开，比如Premiere Pro。并且高版本的软件可以打开使用低版本软件制作的文件，而低版本的软件无法打开高版本软件制作的文件。

JPG格式/JPEG格式：大部分图片都采用这个格式。此格式能够压缩图片的大小，如果原图片较大，使用此格式导出，有可能损伤画质。

PNG格式：以此格式导出的图片拥有透明通道，可以用来制作视频中的贴纸素材。

GIF格式：此格式常用于保存动态图片，也可以保存包含透明通道的图片。常见的动态表情包就是GIF格式的。

设置好图片格式后，单击"导出"按钮，弹出名为"另存为"的对话框。用户可以在此对话框中选择保存文件的目标路径、修改文件名、选择文件保存类型，如图 2-63所示。单击"保存"按钮，即可保存文件。

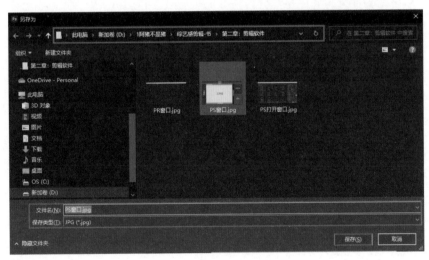

图 2-63

第 3 章

综艺感基础剪辑

◆ ◆ ◆

在面对众多视频素材时，剪辑新手通常会感到无从下手，不知道第一步需要做些什么。本章将介绍剪辑的基础流程，并分别在Premiere Pro和剪映中对每一流程的具体操作进行讲解说明，详细介绍每一步的制作对视频制作起到了什么作用。

基础剪辑流程

基础剪辑流程主要包括5个步骤，分别为调整画面、基础调色、音频处理、调整素材持续时间和删除废片。

调整画面

对画面进行调整，使画面让观众感到舒适，这样就能让观众将注意力集中于视频内容，而不会因为观感不佳而无法进入观看状态。此外，前期拍摄中，如果被拍摄物体太偏向于某一边，可以调整视频比例进行二次构图，使观众可以一目了然地看到画面重点。

如果素材中的主体人物偏右，那么整个画面的重心就会向右偏移，观众的注意力也将集中在画面右侧。这样一来，观众不仅会忽略画面左侧的内容，还会产生逼仄感，得到的是不舒适的观看体验，如图3-1所示。

图 3-1

对画面进行调整后，主体人物位于画面的正中间，如图3-2所示。此时画面的重心位于图片的中间位置，画面各元素的分布也较为均衡。观众将注意力集中于画面中央，一眼就看到主人公，能够获得较为舒适的观看体验。

图 3-2

基础调色

　　在整理素材时，会发现部分素材存在过暗、过曝，颜色不对等问题。如果画面整体太暗、颜色偏灰，就会给人一种阴郁的感觉，如图 3-3所示。这时候就要对素材进行调色，使画面颜色恢复正常。

图 3-3

　　对画面进行调色处理后，画面亮度提升，颜色也变得更为鲜明，主体人物的皮肤显得通透、自然，整体上给人一种活泼的感觉，如图 3-4所示。

图 3-4

音频处理

　　在完成对画面的处理后，下一步需要对音频素材进行处理，消除音频中的杂音、底噪，调整各音频的强弱。对于新手来说，要学会在音频波形图中识别噪音的波纹。如图3-5所示，其中标注出来的部分就是杂音和底噪的波纹。

图 3-5

对音频进行调整后，再次观察音频波形图，可以发现标注处的波纹消失了，如图 3-6 所示。这意味着已经完成了音频降噪，底噪消失，音频中的声音更加清晰、突出。

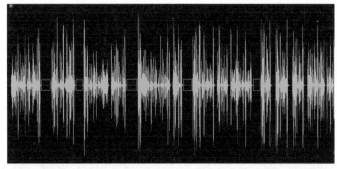

图 3-6

调整素材持续时间

在进行剪辑时，需要把握好剪辑节奏，控制每段素材的持续时间。当视频中存在人物大段说话的片段时，在这样的片段中画面几乎没有太大变动时，此时就可以缩短素材的持续时间，防止观众感到枯燥、无聊。图 3-7所示的就是一段时长为15秒的口播视频，画面人物几乎没有什么动作。

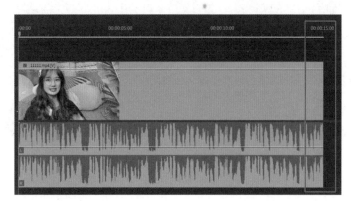

图 3-7

对视频素材的持续时间进行调整之后，观察音频波形可以发现，在不删除内容的情况下，素材的时长从15秒缩短至10秒，如图 3-8所示。

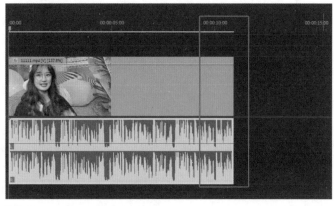

图 3-8

删除废片

在处理视频时，需要从中挑选出重要的、信息量充足的片段，删除那些停顿、静止的片段，这样做有助于调整视频节奏，使播放更加流畅。

在删除废片时，同样可以通过观察音频素材的波形图快速锁定废片部分。在一段人物说话的视频中，如果说话时气口较多、停顿较长，音频波形图中就会出现落差较大的波纹。如图 3-9所示，其中标注出来的部分就是需要删除的废片部分。

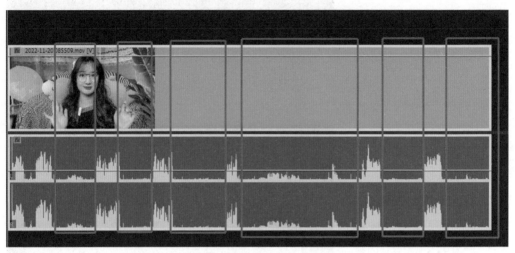

图 3-9

将不需要的片段删除以后，再次观察音频的波形图，可以看到气口消失，如图 3-10所示。

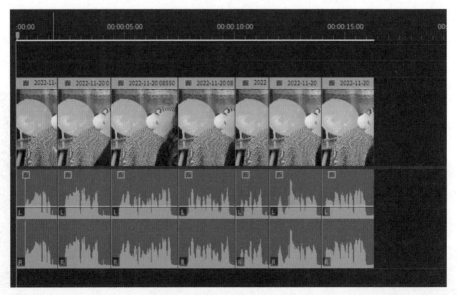

图 3-10

3.2　基础剪辑实操

对基本剪辑流程有所了解以后，就可以开始剪辑了。本节将在剪映专业版和Premiere Pro这两款软件中，分别进行基础剪辑的实际操作。

调整视频比例

不论是使用剪映专业版还是Premiere Pro，将素材拖入剪辑区或"时间轴"面板后，系统都会自动建立一个与素材的画面原始比例相同的序列。由于素材的原始比例并不总是与需要输出的比例匹配，且所有素材的比例也不一定完全相同，此时就需要对视频的比例进行调整。

下面将以使横版视频变为竖版视频为例，对如何在剪映专业版和Premiere Pro中调整视频比例进行讲解说明。

1. 使用剪映调整视频比例

（1）启动剪映专业版软件，单击"开始创作"按钮，在"媒体"面板导入"素材.mp4"。接着把视频素材拖入剪辑区，此时系统会自动建立一个与此素材画面比例相同的序列，在"播放器"面板中可以预览素材画面，如图 3-11 所示。

图 3-11

（2）单击"播放器"面板右下方的"适应"按钮，可以在弹出的菜单中选择修改视频比例。剪映专业版为用户提供了9个比例预设，部分预设还标注了适用平台。这些预设比例分别为：横版比例"16:9(西瓜视频）""4:3""2:35:1""2:1""1:85:1"；竖版比例"9:16（抖音）""3:4""5.8寸"；以及正方形比例"1:1"，如图 3-12所示。

图 3-12

提示

除这些预设以外，"适应（原始）"表示视频的原始比例，而单击"自定义"，则会弹出一个名为"草稿设置"的对话框，用户可以在此对话框中自定义视频的长宽比例，如图 3-13所示。

图 3-13

（3）选择预设比例"9∶16（抖音）"，可以看到"播放器"面板的画面从横版变成了竖版，如图 3-14所示。

图 3-14

（4）由于比例发生了改变，视频画面中出现了黑边，此时可以为素材加上白色背景。单击素材栏中的"媒体"按钮 ，单击"素材库"选项，选择"白场"素材，将之拖入剪辑区，并置于视频素材的下方。由于拖入剪辑区的"白场"素材后默认只有5秒钟，可以将其拉至与视频素材等长，如图 3-15所示。

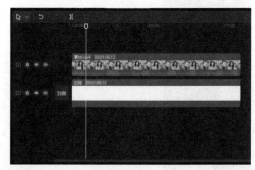

图 3-15

（5）在剪辑区选中"白场"素材，在"播放器"面板的预览画面中将其放大至满屏，此时视频就拥有了白色背景，如图 3-16 所示。

图 3-16

笔记小结

1. 单击"适应"选项，可以调整视频比例格式。

2. 使用"素材库"中的素材为视频添加背景。

2. 使用Premiere Pro调整视频比例

（1）启动Premiere Pro，新建一个名称为"调整比例格式"的项目，在"项目"面板中导入"素材.mp4"。将"素材.mp4"拖入"时间轴"面板，使之位于V1轨道，此时系统会自动建立一个与此素材比例相同的序列。在"节目"面板中，可以预览素材画面，如图 3-17 所示。

图 3-17

（2）Premiere Pro没有直接修改素材比例的功能按钮，因此需要用户手动调整。将素材拖入"时间轴"面板后，执行"序列"|"序列设置"命令，将会弹出名为"序列设置"的对话框，用户可以在此对话框中，通过修改"帧大小"的数值调整视频比例。这里将其中"水平"数值设置为1080，将"垂直"数值设置为1920，可以看到系统自动计算出视频比例为9：16，如图 3-18所示。操作完毕后，单击下方的"确定"按钮，保存设置。

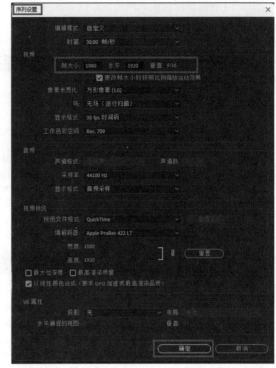

图 3-18

（3）在"节目"面板中双击素材画面，可以等比缩放视频素材，如图 3-19所示。

图 3-19

（4）由于视频比例发生变化，画面中出现了黑边。在Premiere Pro中，用户可以通过创建"颜色遮罩"素材给视频添加白色背景。执行"文件"|"新建"|"颜色遮罩"命令，弹出名为"新建颜色遮罩"的对话框，用户可以在此对话框中建立"颜色遮罩"素材。一般来说，系统默认建立的"颜色遮罩"素材与用户所设置的序列比例相同，如图 3-20所示。单击"确认"按钮，进行下一步操作。

（5）在"新建颜色遮罩"对话框中点击"确认"按钮后，会弹出名为"拾色器"的对话框，用户可以在此对话框中设置"颜色遮罩"素材的颜色。此处使用吸色工具吸取了白色，如图 3-21所示。

（6）选好颜色，单击"确认"后，将会弹出名为"选择名称"的对话框，用户可以在此修改素材的名称。这里将默认的素材名称"颜色遮罩"修改为"白色遮罩"，如图 3-22所示。单击"确认"按钮，即可新建素材。

图 3-20

图 3-21

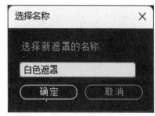

图 3-22

 提示

在使用吸管工具吸取颜色时，可以在当前屏幕中任意位置吸取颜色。

在"项目"面板中单击"新建项"按钮，然后单击"颜色遮罩"选项，也可以创建"颜色遮罩"素材，如图 3-23所示。

图 3-23

（7）在"时间轴"面板上长按V1轨道上的"素材.mp4"，将之向上移至V2轨道。在"项目"面板中，把新建的"白色遮罩"素材拖入V1轨道，并将其拉至与"素材.mp4"等长，此时"时间轴"面板中的素材排列如图3-24所示。在"节目"面板中可以看到，此时视频已经有了白色背景，如图3-25所示。

图3-24

笔记小结

1. 在Premiere Pro中执行"序列"|"序列设置"命令，可更改视频比例。

2. 执行"文件"|"新建"|"颜色遮罩"命令，建立"颜色遮罩"素材，为视频制作白色背景。

图3-25

基础调色

各平台上有很多调色教程，各种风格层出不穷，令人眼花缭乱。其实，对于新手来说，只需要了解调色的基本思路、并能够熟练使用剪辑软件的调色功能，那么无论什么调色风格都能轻松驾驭。

下面将以为日常Vlog口播的原始素材调色为例，对如何在剪映专业版和Premiere Pro中给素材调色进行讲解说明。调色前后的画面对比如图3-26和图3-27所示。

图3-26

图3-27

1. 使用剪映完成画面调色

（1）启动剪映专业版，单击"开始创作"按钮■，在"媒体"面板中导入"素材.mp4"。把视频素材拖入剪辑区，此时"播放器"面板中的预览画面如图 3-28 所示。观察"播放器"面板中的预览画面，发现素材的颜色偏暗黄，人物显脏。那么，让画面变亮，使人物显得干净，就是这次调色的主要目的。

图 3-28

（2）在素材栏中单击"调节"按钮■，单击"自定义"选项，将"自定义调节"拖入剪辑区，剪辑区将出现一个名为"调节1"的素材，将"调节1"拉至与主轨道上的素材等长，如图 3-29 所示。

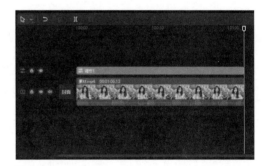

图 3-29

（3）单击选中剪辑区中的"调节1"，在属性栏中单击"基础"选项，可以看到很多能够调节画面颜色的参数。滑动相应参数标尺上的滑块或直接输入数值，即可对画面颜色进行调节。

由于素材画面的颜色偏黄，在此将"色温"标尺上的滑块向左滑动一点，降低数值，使画面偏"冷"，以修正画面偏黄的问题。同时，向右滑动"对比度"和"高光"标尺上的滑块，向左滑动"阴影"标尺上的滑块，使画面明暗关系显得更强烈，以修正画面过暗的问题，如图 3-30 所示。完成调节后，"播放器"

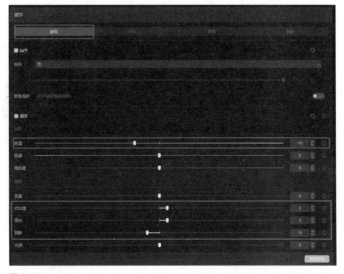

图 3-30

面板中的预览画面如图 3-31
所示。可以看到，通过调色，
已经基本解决画面偏黄、偏暗
的问题。

图 3-31

（4）上述步骤是对画面的整体调节。为了让视频色彩看起来更加舒适，可以使用HSL功能对画面颜色做更加细致的调整。在属性栏中单击HSL选项，将会出现包含8个基本颜色的选项卡，8个颜色依次为红色、橙色、黄色、绿色、浅绿色、蓝色、紫色、洋红色。根据调节需求，单击其中任一颜色，就可以对该颜色的"色相""饱和度""亮度"这3个参数进行单独调节。

HSL是色相（Hue）、饱和度（Saturation）、亮度（Lightness）的英文首字母缩写，是一种将RGB色彩模型中的点在圆柱坐标系中的表示法。

（5）单击"红色"选项，提高"色相""饱和度""亮度"数值，如图 3-32所示，这样能够使人物面部更红润、衣服的色彩更鲜亮。单击"黄色"选项，降低"色相""饱和度""亮度"数值，如图 3-33所示，这样能够进一步改善画面偏黄的问题。

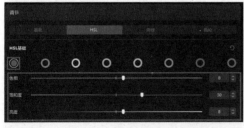

图 3-32

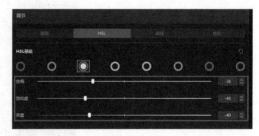

图 3-33

（6）单击"绿色"选项，提高"色相"和"亮度"数值，略微降低"饱和度"数值，如图3-34所示，这样能够使画面中偏黄绿的树颜色更青、更干净。单击"浅绿色"选项，提高"色相"和"饱和度"的数值，降低"亮度"数值，如图 3-35所示，这样能够让画面背景颜色更令人感到舒适。此时对画面的基本调色已经完成。

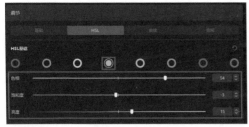
图 3-34

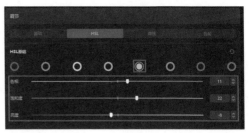
图 3-35

这里给出的调色参数仅做参考。网上很多调色教程都会给学习者提供调色参数，但由于每个人手中素材的拍摄环境各不相同，套用相同的参数并不能获得一模一样的效果，这就是初学者参照教程却调不出来好看画面的原因。对于初学者来说，最重要的理解调色思路，知道自己的画面需要做哪些调整，做到"对症下药"，才能调出好看的画面。

笔记小结

1. 在剪映专业版中，使用自定义调节图层进行调色。

2. 根据素材的具体情况调节各项参数，修正画面颜色。

2. 使用Premiere Pro完成画面调色

（1）启动Premiere Pro软件，新建一个名称为"画面调色"的项目，在"项目"面板中导入"素材.mp4"。将"素材.mp4"拖入"时间轴"面板，使之位于V1轨道。

（2）右键单击"项目"面板的空白区域，执行"新建项目"|"调整图层"命令，单击弹出的名为"调整图层"对话框中的"确认"按钮，此时在"项目"面板出现一个与视频画面大小相同的"调整图层"，如图 3-36所示。

图 3-36

调整图层能够将同一效果应用至"时间轴"面板中的多个剪辑素材。添加至调整图层上的效果将会应用至"时间轴"面板中位于该调整图层轨道下方的所有图层。可以为单个调整图层添加多种效果，也可以建立多个调整图层，使每个调整图层单独控制一个效果。

（3）把新建的调整图层拖入"时间轴"面板中的V2轨道，并将其拉至与V1轨道上的视频素材等长，如图3-37所示。

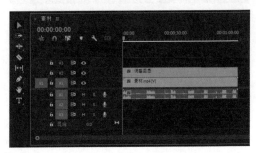

图3-37

（4）在"时间轴"面板中单击调整图层，然后打开"Lumetri颜色"面板，在此面板中单击"基本校正"选项，对"色温""对比度""阴影"等参数进行调整（调色思路参考剪映调色的部分），如图3-38所示；单击"色轮和匹配"选项，调整"阴影""中间调""高光"色轮上的滑块，平衡画面色彩，如图3-39所示。调节完毕后，就完成了对素材的调色。

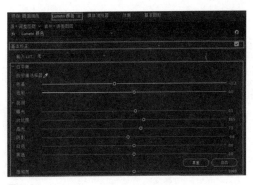

图3-38

图3-39

笔记小结

1. 在"项目"面板中新建调整图层。

2. 在"Lumetri颜色"面板中，根据具体情况调节各项参数，修正画面颜色。

音频处理

基本的音频处理包括调节音量、音频降噪、淡入/淡出、变声以及添加环境效果等。对音频进行处理，不仅能够提高音频质量，增强观众的听觉感受，还能够为音频添加各种效果，给观众留下深刻的印象。下面将分别对如何使用剪映专业版和Premiere Pro处理音频进行说明。

1. 使用剪映进行音频处理

（1）启动剪映专业版软件，单击"开始创作"按钮，在"媒体"面板中导入"素材.mp4"。接着把视频素材拖入剪辑区。

（2）在属性栏中单击"音频"选项，可以在此调节音量大小。还可以设置音频的"淡入时长"和"淡出时长"，制作声音过渡效果，如图 3-40所示。

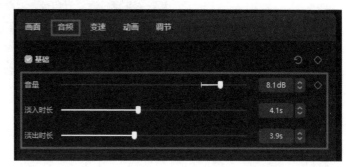

图 3-40

（3）单击"音频降噪"前的复选框，就可以对音频进行一键降噪处理，如图 3-41所示。

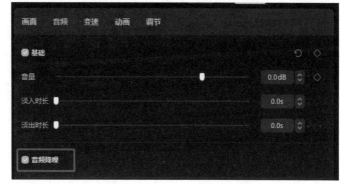

图 3-41

（4）单击"变声"前的复选框，即可选择合适的效果对音频进行变声处理。剪映为用户提供了多种声音效果，打开下拉菜单即可选择，如图 3-42所示。

图 3-42

此处选择了"花栗鼠"变声效果，确定选择后，还可以对"音调"和"音色"进行调节，如图 3-43所示。调节完毕后，音频处理基本完成。

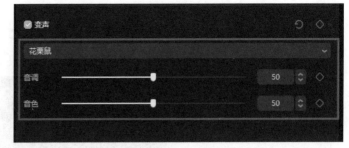

图 3-43

笔记小结

1. 在属性栏的"音频"选项中调整音量、设置淡入/淡出时长。

2. 单击"音频降噪"复选框，一键降噪。

3. 单击"变声"复选框，添加变声效果。

2. 使用Premiere Pro进行音频处理

（1）启动Premiere Pro软件，新建一个名称为"音频处理"的项目，在"项目"面板中导入"素材.mp4"。将"素材.mp4"拖入"时间轴"面板，使之位于V1轨道。

（2）打开"效果"面板，在搜索框中输入"降噪"进行检索，将会出现搜索结果，如图 3-44所示。其中"音频效果"中的"降噪"，就是降噪处理所需要的效果。

图 3-44

（3）将"降噪"效果拖至A1轨道的音频素材上。打开"效果控件"面板，在此面板的"音频"设置中，单击"降噪"选项中"自定义设置"右侧的"编辑"按钮，如图 3-45所示，将会弹出名为"剪辑效果编辑器–降噪"的对话框。用户可以在此对话框中根据素材噪音的强弱，在"预设"下拉菜单中选择"强

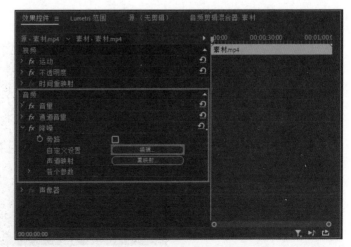

图 3-45

降噪"或"弱降噪"，对音频进行降噪处理，如图 3-46所示。

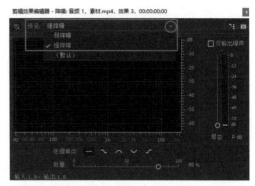

图 3-46

（4）此外，还可以打开"基本声音"面板，单击"对话"选项，然后单击"修复"选项，即可在出现的级联菜单中，依据声音素材的具体情况对音频进行降噪处理。由于当前音频素材是说话声，需要降低杂音，在此单击"减少杂色"前的复选框，再根据降噪需求，拖动滑块降低数值，即可完成降噪处理，如图 3-47所示。

图 3-47

（5）在Premiere Pro中还可以给声音添加环境效果。打开"基本声音"面板，单击"对话"选项，然后单击"透明度"选项，单击"EQ"前的复选框，然后打开"预设"下拉菜单，就可以为音频添加合适的环境效果了，如图 3-48所示。

图 3-48

笔记小结

1. 在"效果"面板中搜索"降噪"效果，对音频进行"强降噪"或"弱降噪"处理。

2. 在"基本声音"面板的"对话"选项中单击"修复"选项，再单击"减少杂色"复选框，对音频进行降噪处理。

3. 在"基本声音"面板的"对话"选项中单击"透明度"选项，再单击"EQ"复选框为声音添加环境效果。

视频/音频变速

在录制口播视频时，如果主播的语速过慢或者过快，将会打乱视频的节奏。此时我们就需要对素材进行变速处理，以调整视频的节奏感。下面将分别对如何在剪映专业版和Premiere Pro中改变素材速度进行说明。

1. 使用剪映实现视频/音频变速

（1）启动剪映专业版软件，单击"开始创作"按钮 ，在"媒体"面板中导入"素材.mp4"。接着把视频素材拖入剪辑区。

（2）在剪辑区单击"素材.mp4"，在属性栏中单击"变速"选项，可以看到"常规变速"和"曲线变速"两个选项，此时默认显示"常规变速"选项卡，如图 3-49所示。用户可以通过滑动"倍数"标尺上的滑块对素材整体进行加速或减速，还可以直接修改"时长"数值，使素材加速或减速为修改后的时长。打开"声音变调"右侧的开关，还能使声音的音调随加速/减速变化。

图 3-49

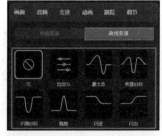

提示

在处理口播视频的素材时，通常会将主播的语速加速到原来的1.1~1.2倍。

（3）点击"曲线变速"选项，切换至"曲面变速"选项卡。与整体改变素材速度的"常规变速"功能不同，"曲线变速"能够对一段素材的各个段落分别进行调速。也就是说，可以使一段视频既有加速的部分，也有减速的部分，节奏变化更加丰富。剪映为用户提供了多种曲线变速的预设效果，如图 3-50所示。单击其中任一种效果，即可应用相应的预设。

图 3-50

（4）除了使用预设外，用户还可以单击"自定义"选项，根据素材的具体情况，对素材进行变速处理。单击"自定义"选项后，可以调节素材的速率曲线，如图 3-51所示。其中带有箭头的白色横线表示素材，横线上的█是可以调节速度的锚点，而横线上的白色竖线则是预览轴。在此面板中移动预览轴，剪辑区中的预览轴也会随之移动至相应的位置，此时点击右下角的按钮█，可以在白色横线上添加锚点，而将时间轴移动至锚点上，可以点击按钮█，删除锚点。

（5）向上拖动锚点为加速，向下拖动锚点为减速，如图 3-52所示。当出现了减速片段时，可以点击"智能补帧"前的复选框，使视频播放更加流畅。

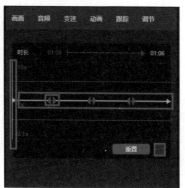

图 3-51

图 3-52

除了在属性栏中调节锚点以外，还可以在剪辑区调整锚点。点击"自定义"选项后，在剪辑区可以发现素材缩略图上方出现了带有锚点的白色虚线，如图 3-53所示。向左拖动锚点进行加速，向右拖动锚点进行加速，如图 3-54所示。在属性栏中添加或删除的锚点，也会同步到此处。

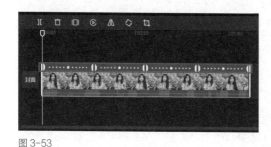

图 3-53

图 3-54

提示

即使使用的是剪映的预设效果，同样也可以在预设效果的基础上改变锚点的位置、添加或删除锚点。

笔记小结

1. 常规变速即对素材整体进行变速，倍速加快或倍速减慢。

2. 曲线变速则可以单独调整画面各段落，在同一段素材中实现同时有快速和慢速效果。

2. 使用Premiere Pro实现视频/音频变速

（1）启动Premiere Pro软件，新建一个名称为"变速"的项目，在"项目"面板中导入"素材.mp4"。将"素材.mp4"拖入"时间轴"面板，使之位于V1轨道。

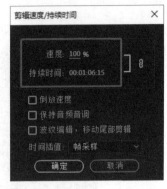

（2）在Premiere Pro中，整体调整素材速度的方法主要有两种。第一种方法是在"时间轴"面板中右键单击"素材.mp4"，然后单击"速度/持续时间"选项，此时会弹出一个名为"剪辑速度/持续时间"的对话框，如图 3-55所示，用户可以在此对话框中调节素材的速度。当此对话框中"速度"的数值为100%时，表示素材速度处于原始状态。修改"速度"数值，使之高于100%，素材将会加速；修改"速度"数值，使之低于100%，素材将会减速。当速度发生变化时，素材的"持续时间"也会相应地增长或缩短。

图 3-55

（3）第二种方法，是在工具栏中长按"波纹编辑工具"按钮➡️，将之切换为"比率拉伸工具"➡️，如图 3-56所示。

（4）此时在"时间轴"面板中拖动素材的尾部，可以直接调整视频的速度和持续时间，如图 3-57所示。向左拖动将会使视频加速，而向右拖动将会减速。

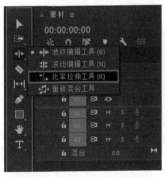

图 3-56

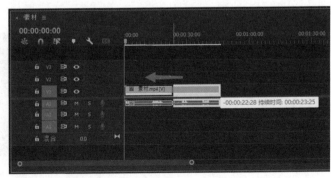

图 3-57

（5）在Premiere Pro中也可以使素材获得曲线变速效果。在"时间轴"面板中拉宽V1轨道，右键单击V1轨道上的素材，执行"显示剪辑关键帧"|"时间重映射"|"速度"命令。此时可以单击V1轨道上的"添加/移除关键帧"按钮⬤，在预览轴停留的位置上给素材打上关键帧，如图 3-58所示。

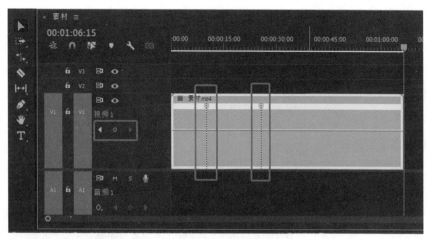

图 3-58

（6）拖动两个关键帧中间的白线，可以对此段素材进行变速，如图 3-59所示。向上拖动为加速，向下拖动为减速。

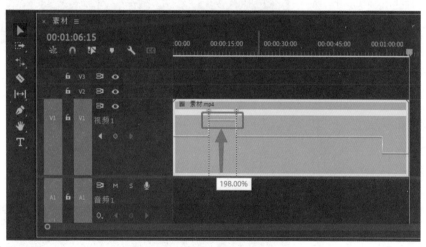

图 3-59

笔记小结

1. 在"速度/持续时间"对话框中实现整体变速。

2. 使用"比率拉伸工具" ，可实现素材整体变速。

3. 右键单击V1轨道上的素材执行"显示剪辑关键帧"|"时间重映射"|"速度"命令，可实现曲线变速。

删除废片

　　最初的素材要么是零碎的片段，要么就是很长一段。比较长的素材中，有很多不需要的片段，此时就需要把这些废片删除，加强视频节奏感。下面将以删除口播视频中的停顿和气口为例，对如何在剪映专业版和Premiere Pro中删除废片分别进行说明。

1. 使用剪映删除废片

　　（1）启动剪映专业版软件，单击"开始创作"按钮 ⬤ ，在"媒体"面板中导入"素材.mp4"。接着把"素材.mp4"拖入剪辑区。

　　（2）在剪辑区观察轨道中的音频波形图，发现中间有很多较平的地方，这就是人物说话时停顿的间隙以及气口。移动预览轴至音频波形较平的地方，点击工具栏中的"分割"按钮 ❙❙ 或使用快捷键Ctrl＋B对素材进行分割，如图 3-60 所示。

图 3-60

 提示

在工具栏中单击"分割"按钮 ▦ ，或者使用快捷键B使鼠标光标切换为分割工具，如图 3-61所示。此时单击剪辑区中的素材，可以直接在光标处对素材进行分割。

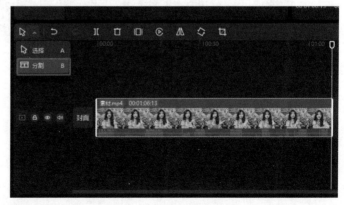

图 3-61

（3）将不需要的片段分割出来后，分别单击选中这些片段，然后使用Delete键将之删除，如图 3-62所示。删除废片后，原本位于废片后方的素材会自动前移，补齐删除留下的空隙。

图 3-62

如果不想让视频自动前移，可以将视频素材拖动至主视频轨道上方。此时删除废片后，原本位于废片后方的素材就不会自动前移，而是保留了删除留下的空隙，如图 3-63所示。

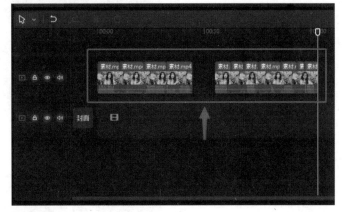

图 3-63

笔记小结

1. 使用"分割"工具▮分割不需要的视频废片。

2. 把素材拖离主轨道，则删除废片时，素材不会自动前移填补空隙。

2. 使用Premiere Pro删除废片

（1）启动Premiere Pro软件，新建一个名称为"删除废片"的项目，在"项目"面板中导入"素材.mp4"。将"素材.mp4"拖入"时间轴"面板，使之位于V1轨道。

（2）观察A1音频轨道，发现中间有很多较平的地方。在工具栏中单击"剃刀工具"按钮 ◢ ，或使用快捷键C将鼠标光标切换为"剃刀工具"后，把音频波纹比较平的地方全部分割出来，如图3-64所示。

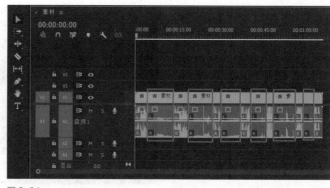

图 3-64

（3）在工具栏中单击"选择工具"按钮 ▶ ，或使用快捷键V将鼠标光标切换为"选择工具"后，单击不需要的片段，使用Delete键将它们删除。此时音/视频轨道删除部分将出现空隙，如图3-65所示。

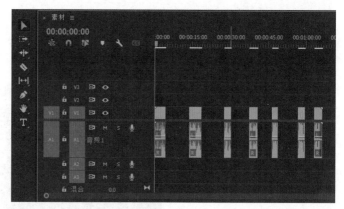

图 3-65

（4）单击删除后的空隙，出现白色覆盖的空隙区域，如图 3-66所示。使用Delete键进行删除，该空隙区域消失，后方的素材将会向前补齐空隙。此外，还可以通过直接向前拖动素材来补齐空隙。

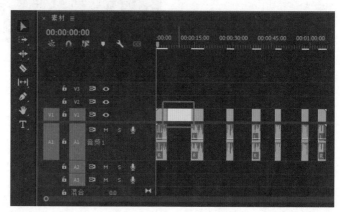

图 3-66

笔记小结

1. 利用"剃刀工具" ◢ 将不需要的视频废片分割出来。

2. 单击分割出来的废片，使用Delete键将它们删除。

第 4 章

综艺感进阶剪辑

◆　◆　◆

掌握了基本剪辑流程之后，还可以添加更多的
细节设计以提升视频的精细度和完成度。本章
将从丰富画面、声音设计、文字设计三个方面

入手，使用剪映专业版、Premiere Pro以及
Photoshop这三款软件，结合具体案例，对如何
完善剪辑、提升画面质感进行讲解说明。

4.1 丰富画面

使视频画面变得丰富的方式有很多，主要包括在素材段落间增加转场动画、在画面中增加贴纸等。本节我们将结合实际案例，对如何给视频添加转场和贴纸进行说明。

添加转场

转场是指视频段落或场景间的过渡或切换。合理应用转场效果，能够使画面的衔接变得自然、流畅。不同类型的视频适合的转场效果也有所不同。在影视剪辑中，为了能集中观众注意力，使叙事更流畅，转场往往较为隐蔽；而在综艺剪辑中，则比较常见的是趣味性转场，如图 4-1 和图 4-2 所示。

图 4-1

图 4-2

下面将分别对如何使用剪映专业版和Premiere Pro为视频添加转场进行讲解说明。

1. 使用剪映添加转场

转场的应用有很多，比如，可以使用转场制作动画效果。下面将在素材间添加转场效果，制作Vlog片头动画，效果如图 4-3所示。

图 4-3

下面将对如何使用剪映添加转场进行说明。

（1）启动剪映专业版软件，单击"开始创作"按钮█，在"媒体"面板中导入素材"粉色.png"和"白色.png"。接着把素材"粉色.png"和"白色.png"拖入剪辑区。

（2）在素材栏中单击"转场"按钮⋈，在左侧单击"幻灯片"选项，选择其中的转场效果"爱心Ⅱ"，如图 4-4所示。将此转场效果拖入剪辑区，并添加至两段素材中间，如图 4-5所示。

图 4-4　　　　　　　　　　　　　　　　图 4-5

（3）在属性栏中拖动"时长"标尺上的滑块，设置转场效果的持续时长，如图 4-6所示。也可以直接在剪辑区拉长或缩短两段素材间的灰色区域以修改持续时长，如图 4-7所示。

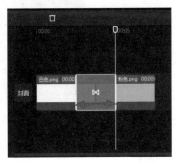

图 4-6　　　　　　　　　　　　　　　　图 4-7

转场效果的最大持续时长受应用此效果的素材时长的影响，剪映中转场效果的最大持续时长为较短素材时长的二分之一。也就是说，如果一段素材时长为5秒，另一端素材时长为4秒，则应用于这两段素材间的转场效果时长不能超过2秒。

（4）在素材栏中单击"文本"按钮Ｔ，在"文字模板"选项的"简约"分类中找到如图 4-8所示的文字样式，将之拖入剪辑区，并使其位于转场效果上方，如图 4-9所示。在属性栏中可以对文字模板中的文字内容进行修改。至此，爱心转场效果制作完毕。

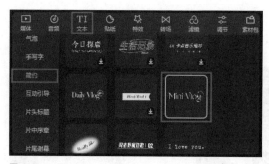

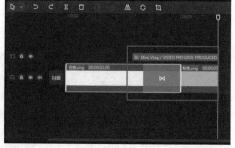

图 4-8   图 4-9

如果转场效果与人物动作方向相匹配，可以使视频更为流畅，下面将对此进行说明。

启动剪映专业版软件，单击"开始创作"按钮◉，在"媒体"面板中导入"挥手.mp4"和"打招呼.mp4"。接着把素材"挥手.mp4"和"打招呼.mp4"拖入剪辑区，并将素材"挥手.mp4"置于前端。

预览画面时可以发现，在素材"挥手.mp4"结尾部分，画面中的人物做了一个向左挥手的动作。此时在素材栏中单击"转场"按钮⋈，单击左侧的"运镜"选项，选择其中的转场效果"向左"，如图 4-10所示。将此转场效果拖入剪辑区，并添加至两段素材中间，这样就有了人物一挥手，画面就转换的效果。

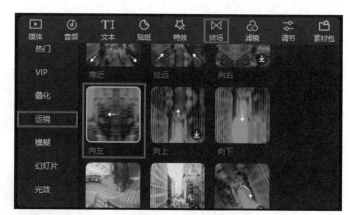

图 4-10

在素材栏中单击"音频"按钮◉，单击左侧的"音效素材"选项，在文字输入框中输入"嗖"进行检索，找到音效"嗖、咻"，并将之拖入剪辑区，并置于转场效果下方，如图 4-11所示。至此，挥手转场的效果就制作完成了。

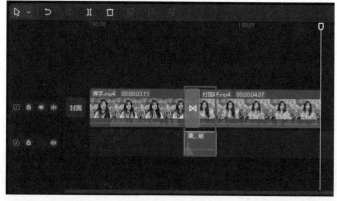

图 4-11

预览画面，效果如图 4-12所示。

图 4-12

笔记小结

1. 使用"爱心Ⅱ"转场，在适当位置添加文字模板。

2. 前期拍摄挥手素材，找到同方向转场素材，加上音效。

2. 使用Premiere Pro添加转场

Premiere Pro也为用户提供了很多转场预设，下面将使用Premiere Pro制作热门综艺同款的 "Slide"（滑动）转场（如图 4-13所示）和"交叉溶解"转场（如图 4-14所示）。

图 4-13

图 4-14

下面将对如何使用Premiere Pro添加转场进行说明。

（1）启动Premiere Pro软件，新建一个名称为"转场"的项目，在"项目"面板中导入"海浪1.mp4""海浪2.mp4""海浪3.mp4"。将"海浪1.mp4""海浪2.mp4""海浪3.mp4"拖入"时间轴"面板，并使之位于V1轨道。

（2）调整视频时间长度，这种快速滑动转场的效果适用于每段素材不超过1秒时。打开"效果"面板，单击"视频过渡"选项，可以看到有很多类型的转场效果预设可以选择，如图 4-15所示。

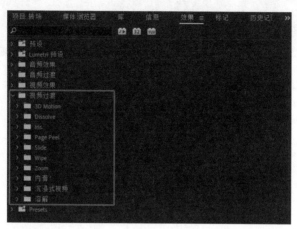

图 4-15

（3）单击"Slide"（滑动）选项，找到转场效果"Push"（推），将之拖动至"时间轴"面板中的"海浪1.mp4"和"海浪2.mp4"之间。单击"时间轴"面板中的"Push"（推）效果，打开"效果控件"面板，可以对转场效果的各项参数进行设置，如图 4-16所示。单击效果缩略图四周的方向按钮，可以设置滑动的方向；修改效果的"持续时间"能够调整转场时长；打开"对齐"下拉菜单，可以选择效果的对齐方式，Premiere Pro提供了"中心切入""起点切入""终点切入""自定义起点"4种可选对齐方式，还可以在界面右侧直接拖动转场效果，设置效果起点；在界面下方还可以设置转场的"边框宽度"以及"边框颜色"等参数。

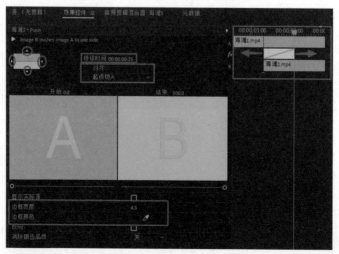

图 4-16

（4）完成设置后，在"时间轴"面板中单击"Push"（推），使用快捷键Ctrl+C复制此效果，然后单击素材"海滩3"，使用快捷键Ctrl+V将此效果粘贴应用至素材"海滩3"，如图 4-17所示。至此，滑动转场效果就制作完毕了。

图 4-17

（5）制作"交叉溶解"效果的步骤与"Slide"（滑动）转场类似。导入素材并调整素材长度之后，打开"效果"面板，单击"视频过渡"选项。单击"溶解"选项，找到"交叉溶解"，将之拖动至"时间轴"面板中的"海浪1.mp4"和"海浪2.mp4"之间。此外，还可以将"交叉溶解"添加至视频的开头处制作黑场开幕或添加至结尾制作黑场闭幕效果，如图4-18所示。

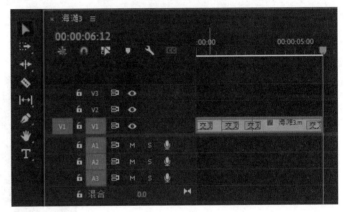

图 4-18

笔记小结

1. 使用"视频过渡"里的效果"Push"（推），制作视频快速滑动效果。

2. 使用"视频过渡"里的效果"交叉溶解"，制作交叉溶解过渡效果。

添加贴纸

添加贴纸不仅能够丰富画面，还可以帮助观众理解视频内容。新手很容易为了丰富画面，添加过多的贴纸，让画面显得杂乱。贴纸并不是用得越多越好，而应当与画面相互配合。下面将分别对如何使用剪映专业版和Premiere Pro为视频添加贴纸进行讲解说明。

1. 使用剪映添加贴纸

剪映为用户提供了非常丰富的贴纸素材，用户可以根据自己的剪辑需求来取用。在为视频添加贴纸时，需要结合视频的具体内容对贴纸进行选择。以一则创作经验分享的口播视频为例，当主播提到关键词"收入"时，可以在画面中添加与金钱相关的贴纸，如图 4-19所示；而当主播提到关键词"设备"时，可以在画面中增加贴纸，突出画面中的设备，如图 4-20所示。

图 4-19

图 4-20

下面将对如何使用剪映添加贴纸进行说明。

（1）启动剪映专业版软件，单击"开始创作"按钮▣，在"媒体"面板中导入"素材.mp4"。接着把素材"粉色.png"和"白色.png"拖入剪辑区。

（2）预览素材，此段口播的内容为"嗨，懒猪宝贝，作为一个后期博主，很多懒猪宝贝对我的收入情况，还有我的设备非常感兴趣"。锁定口播关键词"收入情况""设备"，确定在这两个关键词处添加贴纸。

（3）在素材栏中单击"贴纸"按钮◐，在文字输入框中输入"钱"进行检索，选择一个金钱的动态贴纸，如图 4-21所示。将之移动到剪辑区，使之在口播放送至"收入情况"时出现。

（4）在"播放器"面板的预览画面中调整素材的位置和大小，或在属性栏中调整贴纸的缩放和位置的参数，使贴纸处于画面中合适的位置，如图 4-22所示。

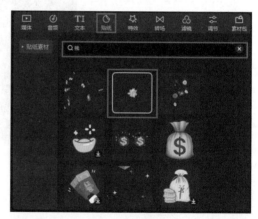

图 4-21

图 4-22

（5）由于画面中已经出现了设备，因此在口播放送至"设备"时，突出画面中的设备即可。在素材栏中单击"贴纸"按钮◐，在文字输入框中输入"发光"进行检索，找到合适的发光素材，如图 4-23所示。将之移动到剪辑区，并调整其位置和大小，使之在口播放送至"设备"时出现，以突出设备，如图 4-24所示。

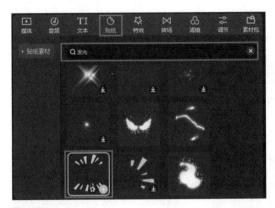

图4-23

图4-24

（6）为了使贴纸的出现更自然，可以在剪辑区选中贴纸素材，然后在属性区单击"动画"选项，为贴纸素材添加入场动画"弹入"，如图 4-25所示。

笔记小结

1. 在剪映的贴纸素材库中搜索需要的贴纸素材。

2. 在属性栏中为贴纸添加动画效果。

图4-25

2. 使用Premiere Pro添加贴纸

Premiere Pro没有自带的贴纸素材，因此在使用该软件进行剪辑时，需要自行搜集贴纸素材。读者可以去各素材网站，如摄图网、千图网、千库网、包图网、花瓣网等，找寻所需要的素材。如果具备绘图能力，也可以使用Photoshop等软件自己制作贴纸素材。

在使用素材网站的素材时，要注意素材的使用许可说明，以免发生版权纠纷。在此本书为读者提供了几个贴纸素材，读者可以下载下来，以便练习使用。

下面将对如何使用Premiere Pro添加贴纸进行说明。

（1）启动Premiere Pro软件，新建一个名称为"贴纸"的项目，在"项目"面板中导入"素材.mp4""动漫速度线.mp4""哭.gif"和"恼火.gif"。首先将"素材.mp4"拖入"时间轴"面板中，使之位于V1轨道。

（2）预览素材，此段口播的内容为"嗨，懒猪宝贝。你们一直跟我说，学了那么多综艺效果，又不知道怎么用，自己的视频老是差了点意思。今天就来点比干货更干的超级干货"。可以从中提取到关键词"不知道怎么用""差了点意思""超级干货"，确定在这三个关键词处添加贴纸。

图 4-26

（3）关键词"不知道怎么用"让人联想到的是委屈、难过等情绪，此时可以把"哭.gif"素材拖入V2时间轨道，使之在口播放送至"不知道怎么用"时出现。然后在"效果控件"面板或"节目"面板的预览画面中，调整其位置和大小，使之对齐人物面部，如图 4-26所示。第一个关键词贴纸制作完毕。

图 4-27

（4）把"恼火.gif"素材拖入V2时间轨道，使之在口播放送至"差了点意思"时出现。然后在"效果控件"面板或"节目"面板的预览画面中，调整其位置和大小，使之位于人物左上方，如图 4-27所示。第二个关键词贴纸制作完毕。

（5）把"动漫速度线.mp4"拖入V2时间轨道，使之在口播放送至"超级干货"时出现。由于此素材是一个非透明的速度线素材，此时"节目"面板中的预览画面如图 4-28所示，因此需要对该素材做进一步调整。

图 4-28

（6）在"时间轴"面板中选中"动漫速度线.mp4"，打开"效果控件"面板，在"不透明度"下方的"混合模式"下拉菜单中选择"变暗"选项，如图 4-29 所示。

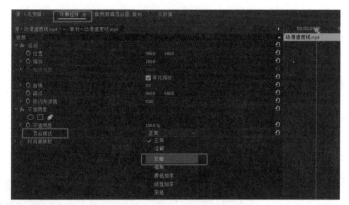

图 4-29

（7）此时，在"节目"面板的预览画面中，"动漫速度线.mp4"的白色背景已经消失，露出了 V1 轨道上的视频画面，如图 4-30 所示。至此，第三个关键词贴纸制作完毕。

图 4-30

如果所使用的贴纸素材需要保留的是白色部分，在调整"混合模式"时，可以选择"滤色"模式。

笔记小结

1. 在素材网站上下载贴纸素材，导入后直接拖入"时间轴"面板，调整其位置和大小，即可添加贴纸。

2. 对于不透明的贴纸素材，可以尝试调整其"混合模式"，消除其中不需要的背景色。

4.2  声音设计

　　声音可以渲染氛围和情绪，沸腾的欢呼声能让观众体会人物的激动，而悲伤的配乐能让观众体会到人物的忧郁。为视频素材加上合适的配乐和音效，就是声音设计。优秀的声音设计能够增强Vlog、口播、花絮等视频的表现效果。本节将从认识音效、背景音乐、声音轨道三个方面对声音设计进行说明。

认识音效

　　熟练的剪辑师常常会有自己的音效库，里面存放着搜集而来可供取用的大量音效素材，如图4-31所示。

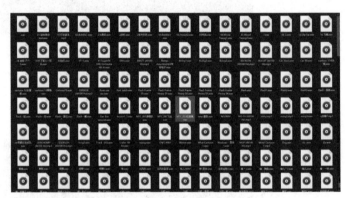

图4-31

　　但对于新手剪辑师来说，在寻找音效建立自己的音效库时，往往不知道该使用什么关键词进行检索，也不知道在什么样的场合使用什么样的音效。这时候就需要了解常用的音效关键词，以及这些音效的使用场景。表4-1中列出的是10个各大网站中旅拍、微电影常用音效关键词的中英文及其用途。这些音效可以在各大素材网站上搜寻获得。

表4-1

关键词（英/中）	使用场景
Riser/ 上升	制造悬念
Whoosh/ 风声	转场镜头；速度感、力量感、冲击力画面
Drones/ 嗡嗡声	底层氛围音，制造紧张氛围
Hit/ 打击声	强调重点画面；片头出字
Atmosphere/ 氛围	气氛音；底层氛围音
Slow motion/ 慢动作	慢动作
Ear Ringing/ 尖锐耳鸣	耳鸣，表现人物思绪不宁
Sting/ 弦乐声	烘托悬疑气氛
Glitches/ 小故障	故障转场；表现科技感
Braam/ 气势磅礴	片头出字幕；表现史诗感

如果使用剪映进行剪辑，还可以使用剪映提供的音效素材库中的素材。

启动剪映专业版，在素材栏中单击"音频"按钮，在左侧单击"音效素材"选项，就可以使用其中的音效素材了，如图 4-32所示。用户既可以依照分类寻找剪辑需要的音效素材，也可以在文字输入框中输入关键词进行检索。

图 4-32

表 4-2所列出的是10个使用剪映制作综艺短视频时常用的音效关键词及其使用场景。

表 4-2

关键词	使用场景
羊叫	尴尬无语氛围
叮叮叮	出字；强调重点
on	回答正确
错误	回答错误
wow	欢呼、夺冠、庆祝
疑问	发问
Bulingbuling	发光；闪烁；闪亮登场
拍照	拍照；转场；定格
波	弹出；出字
哭	悲伤哭泣；渲染伤心氛围

以上所提及的音效只是很小的一部分，读者可以根据自己的需求查找、发现更多的音效。如果找不到符合剪辑需求的音效，也可以自己制作声音素材。比如使用手机等收音设备，可以录制各种生活音效，比如开啤酒瓶、开香水、打嗝等，这样既能够丰富自己的音效库，也不用担心素材的版权问题。

背景音乐

背景音乐，也就是我们常说的Bgm（Background music）。背景音乐常常用来烘托氛围，表现情绪。给视频加上背景音乐，能够增强画面表现力，使观众更容易沉浸其中。一般素材网站都有自己的音乐库，用户可以根据剪辑需求查找、下载合适的背景音乐。在此向读者推荐一个音乐素材网站"Epidemic Sound"，它丰富的曲库能够满足绝大多数剪辑需求，其界面如图 4-33所示。

图 4-33

 提示

"Epidemic Sound"为全英文网站，如有需求，可以使用翻译器对其中内容进行翻译处理。

在刚开始学习视频制作的时候，很多人常常会忽略背景音乐所表现的情绪，直接给一段视频加上很多杂乱的背景音乐，等一首曲子完全结束，直接接上另外一首曲子。这样做将使声音转换显得生硬，听感不佳。此时可以对音乐做淡入/淡出处理，在衔接上留出一点空隙，这样在衔接上就不会显得过于突兀，如图 4-34所示。

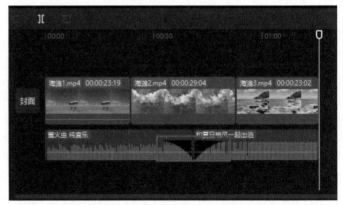

图 4-34

同一段音乐中也有不同的段落，前一段落演奏完毕，后一段落还未开始，会形成非常短暂的停顿，表现在音频波形图中，就是波纹突然收束、形成空隙的地方，它通常被称为"悬崖"。在查找背景音乐的时候，如果能够查看音频波形图，那么最好选择"悬崖"较多的音乐，如图 4-35所示。在剪辑时，从"悬崖"处分割、拼合音乐素材，也能够减少音乐变化的突兀感。

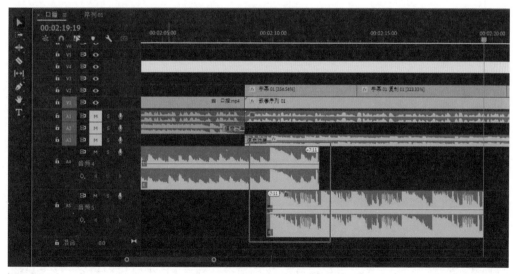

图 4-35

　　还可以根据"重音接重音"的原则对音乐素材进行拼接。由于重音一般都涉及打击乐，因此拼接后的违和感并不十分强烈。在进行剪辑时，可以将两段音乐的重音部分叠合在一起，完成音乐转换，如图 4-36所示。

图 4-36

提示

在音频波形图中，这种在非结尾处的从高处突然下降的波形通常是打击乐的波形。可以在实际操作中边听边观察。

很多背景音乐都有变奏、变调以及不同乐器演奏的不同版本。为了让视频整体保持连贯，可以使用同一首背景音乐的不同版本，善用搜索，将它们都搜集起来，在剪辑时直接调用就可以了。

还可以根据剪辑需求，查找下载配乐中的器乐声，在软件中做二次混合。上文所提到的网站"Epidemic Sound"就为用户提供了音乐的拆分下载服务，如图 4-37所示，用户既可以选择下载一首音乐的全混合版本，也可以选择只下载其中的低音或鼓的部分。

图 4-37

如何选择背景音乐也是一门学问，在创作的过程中需要不断学习、积累。观看优秀的电影、视频，学习他人的配乐方法，能够较快取得进步。

声音轨道

打开一个新手剪辑师的工程文件，往往会看到只有一条音频轨道，如图 4-38所示。这样的视频，除了原声，没有其他声音，缺乏听觉上的变化，往往会给观众带来疲惫感，让观众失去观看的兴趣。

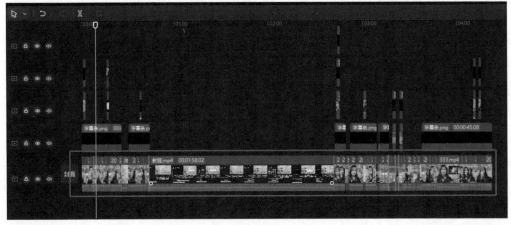

图 4-38

而打开一个熟练剪辑师的工程文件，通常会看到视频素材下方排列着很多条音频轨道，轨道上分布着各种各样的声音素材，如图 4-39所示。层次感丰富的声音效果不仅有助于调整视频节奏，还能使观众沉浸其中，获得良好的听觉体验。

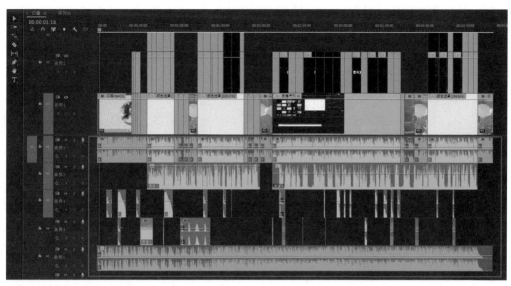

图 4-39

一个对声音稍有研究的剪辑师通常会将音频文件分为5个轨道，并在这5个轨道中分别放入背景音、旁白、动作声音、模仿人声、配乐声音素材，表 4-3中给出了这5种声音效果的示例。

表 4-3

音轨	示例
背景音	菜场叫卖声、篮球啦啦队的呐喊声、幼儿园小朋友的吵闹声等拍摄时自带的环境音，这部分声音通常带有一些底噪，可以根据具体情况决定是否进行降噪处理
旁白	后期添加的、另外录制的解说词、画外音。纪录片和 Vlog 经常使用旁白对画面内容进行讲解，或补充画面中不能直接看到的信息
动作声音	起床时被子产生的摩擦音、跑步时产生的喘气声以及鞋子和地面的摩擦声、还有玩电脑时鼠标和键盘的声音等由于人物动作发出的声音，通常是后期添加的、需要突出的声音
模仿人声	与画面相关联的类似人声的音效。如电影《环太平洋》中，有很多电视新闻快速闪过的镜头，此处就用了很多与画面中闪过的新闻相关联的模糊人声，尽管观众听不清具体内容，但是营造出了一种紧张的氛围
配乐	也就是背景音乐。不同的背景音乐能让视频处于完全不同的氛围感。在制作日常 Vlog 视频时，常用轻松欢快的背景音乐；而在制作具有危险警告效果的主题片时，常用紧张急促的背景音乐

在实际操作的过程中，大多数人并不会严格按照声音类型分类、分轨排列素材，但良好的分轨意识能够帮助剪辑师快速查找轨道上的声音效果。尤其是在进行素材量较大的剪辑时，按照声音类型进行分轨，能够大大提升剪辑效率。

声音效果也并不是越多越满就越好，如果一个视频全程铺满了音乐，也容易使观众产生疲劳感，并且如果一个视频的音效太多太杂，将很难使观众将注意力集中于视频画面。因此，在进行声音设计时，还需要注意该留白就要留白、该用音效就用音效、该放配乐就放配乐，处理好声音节奏，如图 4-40所示，给视频更多"呼吸感"，使观众的听觉体验张弛有度。

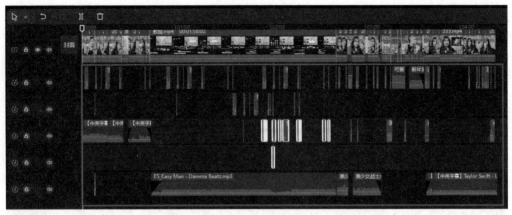

图 4-40

4.3　文字设计

文字也是视频中非常重要的一部分，能够帮助观众理解视频想要表达的内容。而经过设计的文字不仅能够起到解说作用，还能够装饰画面，为画面增强趣味性。本节将以在视频中添加花字、制作专属字幕条为例，对如何设计文字进行讲解说明。

制作花字

很多综艺节目都会添加各种各样的花字来增强趣味性。下文将分别使用剪映专业版和Premiere Pro制作综艺同款花字。

1. 使用剪映制作花字

在剪映中可以添加默认文本，制作符合视频风格的花字效果，如图 4-41所示。

图 4-41

下面将对如何使用剪映制作花字进行说明。

（1）启动剪映专业版软件，单击"开始创作"按钮◉，在"媒体"面板中导入"爱心转场.mp4"。接着把视频素材拖入剪辑区。

（2）在素材栏中单击"文本"按钮▉，在左侧菜单中单击"新建文本"选项，将"默认文本"拖至剪辑区，并使之位于"爱心转场.mp4"上方。单击选中剪辑区的"默认文本"，在属性栏中单击"基础"选项，可以根据剪辑需求在此面板中输入文字，修改字体、字号样式等，如图4-42所示。

（3）单击"气泡"选项切换面板，可以给文字加上气泡背景，如图 4-43所示。

图 4-42

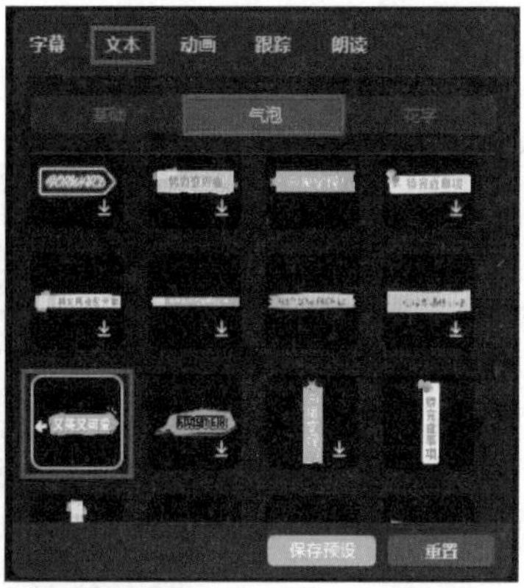

图 4-43

（4）单击"花字"选项切换面板，可以继续给文字添加效果，如图 4-44所示。

（5）单击"动画"选项切换面板，可以给文字添加动画效果，这里为文字添加了入场动画"水平翻转"，如图 4-45所示。至此，花字效果制作完毕。

图 4-44

图 4-45

剪映的文字素材库中包含了大量文字预设和花字效果，用户可以根据需求取用合适的素材，替换其中的文字使用，如图 4-46 所示。

下文是对如何从剪映文字素材库中选用素材并实现希望的花字效果的说明。

图 4-46

（1）启动剪映专业版软件，单击"开始创作"按钮，在"媒体"面板导入"爱心转场.mp4"。接着把视频素材拖入剪辑区。

（2）在素材栏中单击"文本"按钮，在左侧菜单中单击"文字模板"选项，依据分类选取合适的文字模板，如图 4-47 所示。

图 4-47

（3）将文字模板拖至剪辑区，使之位于"爱心转场.mp4"上方。单击选中剪辑区的文字模板，在属性栏中单击"基础"选项，可以根据剪辑需求在此面板中修改文字，或做其他调整，如图 4-48 所示。至此，花字效果制作完毕。

图 4-48

笔记小结

1. 使用"默认文本"，修改参数，制作花字。

2. 使用"文字模板"，修改其中文字直接使用。

2. 使用Premiere Pro制作花字

Premiere Pro并没有为用户提供花字素材库，用户需要自己制作花字。下面将对如何使用Premiere Pro制作花字效果进行说明。

（1）启动Premiere Pro软件，新建一个名称为"花字"的项目，在"项目"面板中导入"爱心转场.mp4"。将"爱心转场.mp4"拖入"时间轴"面板，并使之位于V1轨道。

（2）执行"文件"|"新建"|"旧版标题"命令，弹出名为"新建字幕"的对话框，在对话框中将"名称"中的文字改为字幕主题，方便查找，如图 4-49 所示。

图 4-49

（3）在"新建字幕"对话框中单击"确定"按钮，将会弹出旧版标题的设置对话框。单击对话框中间的显示画面，输入文字。在右侧的属性栏中，可以设置字体，修改字体的样式、大小。单击"填充"前的复选框，将"填充类型"设置为"线性渐变"，可以为文字添加渐变颜色，如图 4-50 所示。

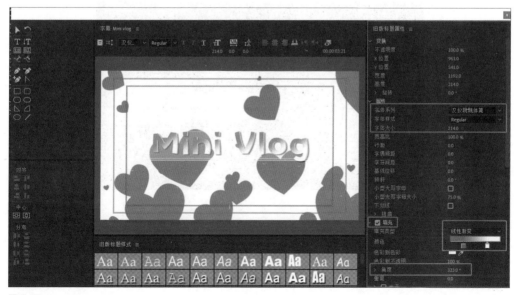

图 4-50

（4）单击"外描边"前的复选框，可以为文字添加外描边效果；单击"阴影"前的复选框，可以为文字添加阴影效果；单击左侧工具栏中的"中心"下的两个按钮，可以使文字居中，如图4-51所示。

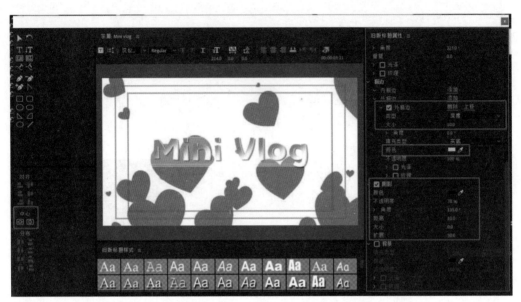

图 4-51

（5）完成花字设计后，在"项目"面板中将花字素材拖至"时间轴"面板，使之位于V2轨道，并将其放置于"爱心转场.mp4"画面转场处，如图 4-52所示。

图 4-52

（6）打开"效果"面板，单击"视频过渡"选项，在"溶解"分类中找到"交叉溶解"效果，将之拖动至"时间轴"面板中文字素材的前端，如图 4-53所示。此时文字素材就有了淡入效果。

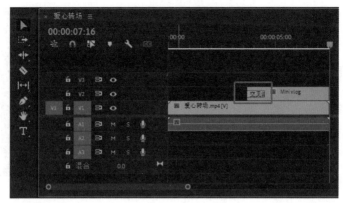

图 4-53

（7）最终画面效果如图 4-54所示。

图 4-54

笔记小结

1. 执行"文件"|"新建"|"旧版标题"命令，制作花字样式。

2. 为文字添加"交叉溶解"效果，使文字获得淡入效果。

制作专属字幕条

专属字幕条不仅能装饰画面，还能显示个人特色，提升视频的趣味性，给观众留下印象。下面将分别对如何使用剪映专业版、Premiere Pro以及Photoshop制作专属字幕条进行讲解说明。

1. 使用剪映制作专属字幕条

（1）启动剪映专业版软件，单击"开始创作"按钮🔘，在"媒体"面板中导入"素材.mp4""白色色卡.png""粉色色卡.png"以及"照片.jpg"，接着把"素材.mp4"拖入剪辑区。

（2）将"白色色卡.png"拖入剪辑区，并使之位于主视频轨道上方。然后将之拉至与主视频轨道上素材长度一致。在属性栏的"画面"中单击"蒙版"选项，选择"矩形"蒙版。在"播放器"面板的预览画面中调整蒙版选框的位置和大小，使之位于画面下方，也就是字幕常常出现的位置，如图4-55所示。

图 4-55

（3）将"照片.jpg"拖入剪辑区，使之位于"白色色卡.png"轨道上方，然后将之拉至与主视频轨道上素材等长。在属性栏的"画面"中单击"蒙版"选项，选择"圆形"蒙版。在"播放器"面板的预览画面中调整蒙版选框的位置和大小，使蒙版选框中出现人物的头像，如图4-56所示。

图 4-56

（4）在属性栏中单击"基础"切换面板，调整"照片.jpg"的"缩放"和"位置"的数值，使此素材位于画面中"白色色卡png"的右侧，如图 4-57所示。

图 4-57

（5）在素材栏中单击"文本"按钮 T,在左侧单击"新建文本"选项，将"默认文本"拖至剪辑区，将之拉至与主视频轨道上素材等长。单击选中剪辑区的"默认文本"，在属性栏中单击"基础"选项，可以根据剪辑需求在此面板中输入人物名称，并设置字体。在"播放器"面板的预览画面中，将输入的文字移动至"照片.jpg"的右侧，如图 4-58 所示。

图 4-58

（6）最后将"粉色色卡.png"拖入剪辑区，使之位于"照片.jpg"轨道上方，然后将之拉至与主视频轨道上素材等长。在属性栏的"画面"中单击"蒙版"选项，选择"矩形"蒙版。在"播放器"面板的预览画面中调整蒙版选框的位置和大小，使之位于画面中"白色色卡.png"的内侧，如图 4-59 所示。

图 4-59

（7）至此，一个简单的字幕条就制作完毕。将字幕放在字幕条上，画面效果如图 4-60 所示。

图 4-60

提示

由于剪映为用户提供了各种各样的贴纸素材，在制作字幕条时，可以在贴纸素材库的文字输入框中输入"字幕条"进行检索，可以看到很多"字幕条"贴纸素材供选择，如图 4-61所示。这样可以快速制作简单的字幕条，提升剪辑效率。但如果想要字幕条更为个性化、更有辨识度，还是自己制作为好。

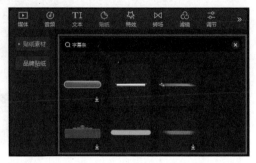

图 4-61

笔记小结

1. 使用"蒙版"功能，调整蒙版选框的位置。

2. 添加人物照片和名称，提高辨识度。

2. 使用Premiere Pro制作专属字幕条

（1）启动Premiere Pro软件，新建一个名为"专属字幕条"的项目，在"项目"面板中导入"素材.mp4""蓝色色卡.png""白色色卡.png"以及"照片.jpg"。将"素材.mp4"拖入"时间轴"面板，并使之位于V1轨道。

（2）将"白色色卡.png"拖入V2轨道，并将之拉至与"素材.mp4"等长。在"时间轴"面板中选中"白色色卡.png"，打开"效果控件"面板，单击"不透明度"选项中的"创建4点多边形蒙版"按钮■，并将参数"蒙版羽化"的数值调至0，如图 4-62所示。

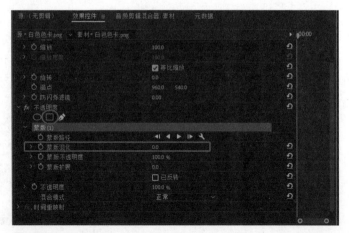

图 4-62

（3）在"节目"面板的预览画面中调整蒙
版路径的位置和大小，使之位于画面下方，如
图 4-63所示。

图 4-63

提示

在对蒙版路径进行调节时，鼠标左键长按锚点即可拖动此锚点，以调节蒙版范围，如图 4-64所示。按住Shift
键，然后分别单击位于同一条边上的两个锚点，松开Shift键后，左键长按其中一个锚点即可拖动这两个锚点所
决定的边，如图 4-65所示。

图 4-64

图 4-65

（4）将"照片.jpg"拖入V3轨道，并将
之拉至与"素材.mp4"等长。在"时间轴"面
板中选中"照片.jpg"，打开"效果控件"面
板，单击"不透明度"选项中的"创建椭圆形
蒙版"按钮◉，将"蒙版羽化"数值调至0，
如图 4-66所示。在"节目"面板的预览画面中
调整蒙版选框的位置和大小，使蒙版选框中出
现人物的头像。

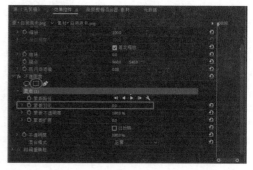

图 4-66

（5）在"效果"面板中单击"运动"选
项，调整素材的位置和缩放大小，使之位于
画面中"白色色卡.png"的左侧，如图 4-67
所示。

图 4-67

（6）执行"文件"|"新建"|"旧版标题"命令，在旧版标题的设置界面输入文本内容，调整
花字样式以及缩放大小和位置，如图 4-68所示。

图 4-68

（7）制作完成后，将"项
目"面板中的字幕素材拖入"时
间轴"面板的V4轨道，并将其
拉至与"素材.mp4"等长，如
图 4-69所示。

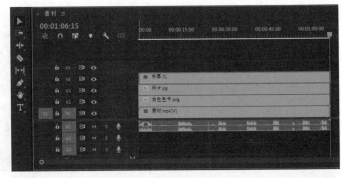

图 4-69

（8）将"蓝色色卡.png"拖入"时间轴"面板的V5轨道，并将之拉至与"素材.mp4"等长。在"时间轴"面板中选中"蓝色色卡.png"，打开"效果控件"面板，单击"不透明度"选项中的"创建4点多边形蒙版"按钮■，将"蒙版羽化"数值调至0，在"节目"面板的预览画面中调整蒙版选框的位置和大小，使之叠加在之前添加的白色色卡之上。至此，一个简单的字幕条就制作完毕，如图 4-70所示。

图 4-70

笔记小结

拖入色卡和照片素材，在"效果"面板中调出蒙版工具，在"节目"面板的画面中调整蒙版选框的位置和大小。

3. 使用Photoshop制作专属字幕条

（1）启动Photoshop软件，单击"新建"按钮，在弹出的"新建文本"对话框右侧的"预设详细信息"中，将画布名称修改为"专属字幕条"，并将宽度设置为1920像素、高度设置为1080像素，如图 4-71所示。单击"创建"按钮，进入Photoshop的操作界面。

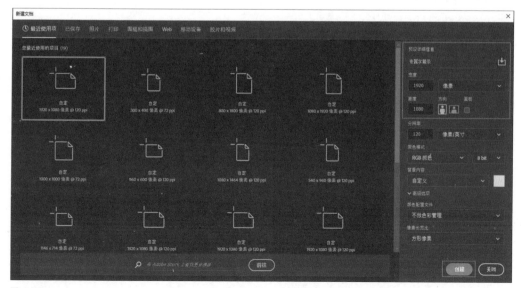

图 4-71

提示

将画布宽度设置为1920像素、高度设置为1080像素，是为了还原一般横版视频的尺寸，方便直接使用。

（2）把"照片.jpg"拖入"图层"面板。在工具栏中单击"钢笔工具"按钮 ，在工作区画面中沿人物边缘打上锚点，并使锚点路径闭合。然后使用快捷键Ctrl＋Enter，此时蒙版路径变为虚线选框，表示人物已抠出，如图4-72所示。

图 4-72

提示

在使用钢笔工具抠图时，长按鼠标左键移动鼠标可以调整线段的弯曲程度，并在曲线外部出现一条切线，如图4-73所示。调整完弯曲程度后，即可放开左键。按住键盘上的Alt键，使用鼠标左键单击切线中间的锚点，切线前侧的线段消失，如图4-74所示，然后可以沿着所需路径继续绘制下一个锚点。

图 4-73

图 4-74

（3）使用快捷键Ctrl+J把抠出图像复制到新图层，在"图层"面板将会出现一个名为"图层 1"的图层，关掉原始素材"照片.jpg"前面"眼睛"按钮🔘，如图 4-75所示。此时画面中只剩下抠出的人物。

图 4-75

（4）在"图层"面板双击"图层1"的缩略图，在弹出的名为"图层样式"的窗口中，单击"描边"前的复选框，根据喜好调整描边的颜色和大小，如图 4-76所示，此时人物边缘将会出现描边效果。单击"确定"按钮，对话框消失。

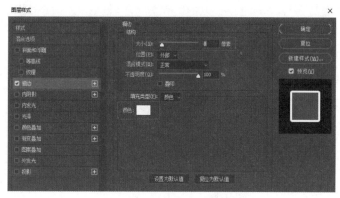

图 4-76

（5）使用快捷键Ctrl+T，工作区中的"图层 1"边缘将会出现矩形选框，调整选框，将"图层 1"进行等比缩放，并将之置于画布左下角，如图 4-77所示。

图 4-77

（6）单击工具栏中的"矩形工具"按钮▣，在人物旁边绘制一个矩形长条，"图层"面板中将会出现一个名为"矩形1"的图层。在扩展窗口区单击"属性"按钮▤，打开"属性"窗口，将"填色"更改为白色，并取消描边，还可以在下方输入数值调整字幕条的圆角弧度，如图4-78所示。

图 4-78

 提示

如果在扩展窗口区中找不到"属性"按钮▤，可以单击菜单栏中的"窗口"菜单，选择"属性"选项，将"属性"按钮▤添加至扩展窗口区。

（7）在"图层"面板中将"矩形1"拖至"图层1"下方，此时在工作区画面中，白色字幕条就会被放置于人物下层，而不会遮挡人物，如图 4-79所示。

图 4-79

（8）在工具栏中单击"横排文字工具"按钮▣，在工作区中单击画面，在出现的文字输入框中输入人物名牌的文字，使用快捷键Ctrl+A选中文字，然后在扩展窗口区单击"字符"按钮▣，打开"字符"窗口，在此窗口中修改字体、缩放大小、颜色等参数，如图4-80所示。

图 4-80

（9）在工作区的画面中，将名牌移至人物右侧即可，如图 4-81 所示。

图 4-81

（10）在工具栏中单击"矩形工具"按钮▣，再次绘制一个矩形叠加在字幕条之上，并更改此矩形的颜色。在"图层"面板中，单击"背景"图层前方的"眼睛"按钮◉，关闭此图层，此时工作区的画面如图 4-82 所示。至此，字幕条制作完毕。

图 4-82

导出文件时，应将格式设置为png，这样才能保留文件的透明通道，使得导入剪辑软件中后只会出现字幕条的部分。

笔记小结

1. 新建画布，将"宽度"数值设置为1920像素、"高度"数值设置为1080像素。

2. 单击"钢笔工具"按钮▱进行抠图，给人物添加描边，并调整人物位置。

3. 单击"矩形工具"按钮▣，绘制字幕框。

4. 单击"横排文字工具"按钮▣，制作人物名牌。

5. 导出文件为png格式。

第 5 章

综艺感口播视频剪辑

◆ ◆ ◆

读者可能并不知道什么是口播类视频，其实口播是非常常见的视频形式，口播内容也多种多样，非常丰富。对于新手来说，口播是非常适合起步的形式之一。本章将介绍什么是口播，并对如何制作具有综艺感的口播进行说明。

5.1 什么是口播

口播是最常见、制作也最简单的短视频形式，只需一个可以录音录像的智能手机，每个人都可以尝试制作口播视频。口播视频的内容非常丰富，不论是医生、律师，还是小本生意的商贩，都可以通过口播的形式分享自己的生活经验、职场故事等，为观众提供不同的观察视角。

口播主要分为两种，一种是自拍类口播，另一种是采访类口播，下面将对这两种类型的口播进行介绍。

自拍类口播

自拍类口播是目前较为流行的口播形式，"龙飞律师""李家琦""猫一杯""小紧张虫虫"等知名博主都是采用此种形式进行口播的。自拍类口播的最大特点，就是会以自拍角度拍摄博主本人，博主将会以面对面交流的姿态出现在画面中。因此，自拍类口播比起其他形式更加生活化，更能够迅速拉近与观众的心理距离，使观众感到亲切。

自拍类口播可以通过手持拍摄工具进行录制，如图 5-1所示。手持工具录制视频的优点在于拍摄者可以根据口播内容，随时调转镜头，拍摄需要的画面。

图 5-1

还可以使用固定机位进行拍摄，如图 5-2所示。固定机位不仅能够增强镜头稳定性，还可以解放博主的双手，提高视频的互动性。

图 5-2

而在实际录制的过程中，可以将手持工具和固定机位这两种方式结合起来。当不需要移动镜头时，就将拍摄工具放置在固定机位上，当需要移动镜头时，就将拍摄工具拿在手中，这样既能够保证固定镜头的稳定，也能够增强视频的互动性。

采访类口播

采访类口播，也被称为问答类口播，视频中通常会出现两个或两个以上人物，通过问答的形式传递内容，如图 5-3所示。许多知名博主的视频就采用了这种形式。比起自拍类口播，由于存在问答对话，采访类口播的互动性更强，主持人和嘉宾之间的互动有时还会创造出出其不意的节目效果。

图 5-3

给口播视频增添趣味综艺感的剪辑手法

　　口播类视频并不是只能出现进行口播的人物，适时切换镜头、插入与口播内容相符合的画面、增加人物间的互动，都能够缓解单一画面带来的疲劳感。合理使用剪辑手法，给口播添加有意思的画面特效，能够增加视频的趣味性，提高观众的观看兴趣。本节将介绍跳剪、移动放大、蒙版字幕、大头效果等7种剪辑手法，并对如何使用这些剪辑手法使视频更具趣味性进行说明。

剪辑手法1——跳剪

　　在制作视频的过程中，有时会遇到一些素材很平淡，却又必不可少的情况。此时不妨使用"跳剪"手法，卡着音乐节拍将一段素材分割为几段，再调整每段的位置和缩放大小，制造出多机位拍摄的效果，使视频画面变化更多，更具节奏感，如图 5-4所示。

图 5-4

　　下面将对如何使用剪映专业版和Premiere Pro制作跳剪效果进行说明。

1. 使用剪映制作跳剪效果

　　（1）启动剪映专业版软件，单击"开始创作"按钮◉，在"媒体"面板导入"风景.mp4"和"bgm素材.mp3"。接着把素材"风景.mp4"和"bgm素材.mp3"拖入剪辑区。

（2）在剪辑区单击选中"风景.mp4"，按下空格键，进行播放预览。注意听音乐的节拍，听到重拍时，立马使用快捷键Ctrl＋B，在重拍处分割视频，如图 5-5所示。然后再次按下空格键，继续播放，在下一个重拍处重复上述操作，直至播放完毕。依照重拍节奏，"风景.mp4"被分为若干段。

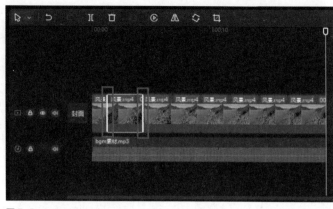

图 5-5

（3）选中其中一段素材，在属性栏中对它的位置和缩放大小稍作调整，如图 5-6所示。对余下的片段也做同样的处理（位置和缩放的数值各不相同），使每个片段的画面随着音乐重拍发生改变。跳剪效果制作完毕。

图 5-6

笔记小结

1. 随着音乐节奏，使用快捷键Ctrl+B，将一段长素材分割成若干片段。

2. 调整每个片段的位置和缩放大小，使每个片段的画面随着音乐重拍发生改变。

2. 使用Premiere Pro制作跳剪效果

（1）启动Premiere Pro软件，新建一个名称为"跳剪"的项目，在"项目"面板中导入"素材.mp4"和"bgm素材.mp3"。将"素材.mp4"和"bgm素材.mp3"拖入"时间轴"面板，使之分别位于V1和A1轨道。

（2）如果音频轨道和视频轨道上的素材长度不一致，可以将多余部分分割出来并删除，也可以使用"比特率拉伸工具"按钮，使两段素材长度保持一致，如图 5-7所示。

图 5-7

由于使用"比率拉伸工具"修
改音频素材长度会使音频文件
受损，因此通常是修改视频素材
长度，使之与音频素材长度保持
一致。

（3）在"时间轴"面板
中单击选中视频素材，按下空
格键进行播放预览。注意听音
乐的节拍，听到重拍时，立
马单击"添加标记"按钮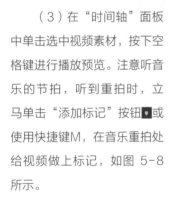或
使用快捷键M，在音乐重拍处
给视频做上标记，如图 5-8
所示。

图 5-8

由于在为视频添加标记时，播放不会暂停，因此可以多次播放，精准控制标记的位置。使用快捷键
Ctrl+Alt+Shift+M可以一键清除所有标记。

（4）在工具栏中单击
"剃刀工具"按钮，将光标
切换为剃刀，在标记处分割视
频，将素材分割成若干片段，
如图 5-9所示。

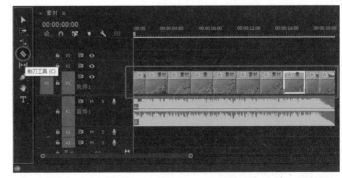

图 5-9

在"时间轴"面板中单击选中其中一个片段，打开"效果控件"面板，对位置和缩放大小进行调整，如图 5-10 所示。对余下的片段也做同样的处理（位置和缩放的数值各不相同），使每个片段的画面随着音乐重拍发生改变。跳剪效果制作完毕。

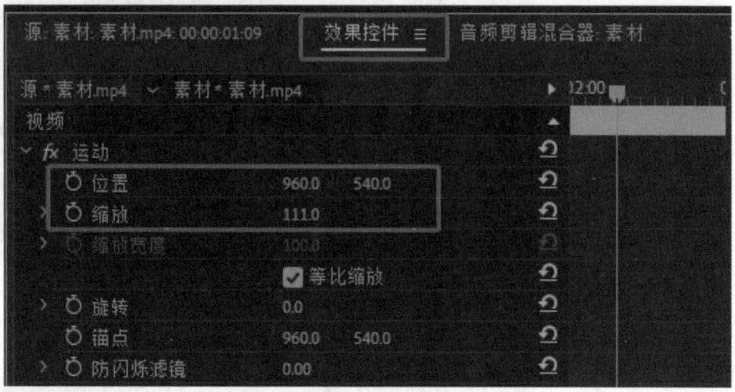

图 5-10

提示

调整每个片段的位置和大小时，可以以画面中的某个物体为参照物，根据该参照物对画面做出调整。在此案例中，可以以画面中的汽车为参照物，根据汽车的大小和位置对画面进行调整，这样在画面发生变化时，就不会显得太过混乱。

笔记小结

1. 单击"添加标记"按钮▇，按照音乐节奏为视频素材添加标记。

2. 在标记处分割素材，将一段长素材分割成若干片段。

3. 在"效果控件"面板中调整每个片段的位置和缩放大小，使每个片段的画面随着音乐重拍发生改变。

剪辑手法2——移动放大

使用关键帧功能制作移动放大效果，可以以此表现镜头的移动、推进，有助于使观众跟随移动方向聚焦重点画面，如图 5-11 所示。

图 5-11

下面将对如何使用剪映专业版和Premiere Pro制作移动放大效果进行说明。

1. 使用剪映制作放大移动效果

（1）启动剪映专业版软件，单击"开始创作"按钮◉，在"媒体"面板中导入"举手.mp4"。接着把素材"举手.mp4"拖入剪辑区。

（2）在剪辑区单击选中"举手.mp4"，按下空格键预览素材。在画面播放至老师将手伸向小男孩时，再次按下空格键停止播放。在属性栏中单击"位置大小"右侧的"添加关键帧"按钮◆，在此处打上一个关键帧，如图 5-12所示。

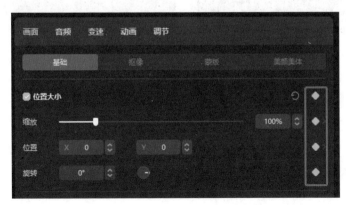

图 5-12

提示

"位置大小"包含了"缩放""位置""旋转"等参数，因此，当单击"位置大小"右侧的"添加关键帧"按钮◇时，这些参数的关键帧效果也被开启。此时如果这些参数发生改变，系统将会记录所有参数的关键帧改变路径。如果只单击其中一个参数右侧的"添加关键帧"按钮◇（如参数"旋转"），系统将只会记录此参数的关键帧改变路径，如图 5-13 所示。

图 5-13

（3）在剪辑区将画面向后移动6帧左右，直接在播放区的预览画面中调整画面大小，使小男孩位于画面中间即可，如图 5-14所示。此时在剪辑区，系统会自动在当前位置打上关键帧，如图 5-15所示。至此，移动放大效果制作完毕。

图 5-14

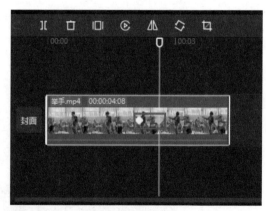

图 5-15

在剪映中，除了使用关键帧以外，还可以使用特效制作这种移动放大效果，下面将对此进行简略说明。

（1）启动剪映专业版软件，单击"开始创作"按钮◉，在"媒体"面板中导入"举手.mp4"。接着把素材"举手.mp4"拖入剪辑区。

（2）在素材栏中单击"特效"按钮◪，在左侧单击"画面特效"选项，选择"综艺"分类下的特效"渐渐放大"，如图 5-16所示。将之拖入剪辑区，并置于需要移动放大的素材上方，如图 5-17所示。

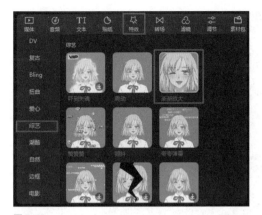

图 5-16　　　　　　　　　　　　　　　　　　图 5-17

（3）在剪辑区单击选中特效"渐渐放大"，在属性栏中可以调节特效参数，从而使所需要的画面放大，如图 5-18所示。

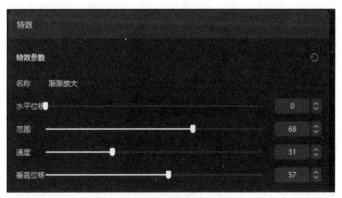

图 5-18

笔记小结

1. 使用关键帧功能，调整画面的位置和缩放大小，制作移动放大效果。

2. 使用特效中的特效"渐渐放大"，制作移动放大效果。

2. 使用Premiere Pro制作移动放大效果

（1）启动Premiere Pro软件，新建一个名称为"放大"的项目，在"项目"面板中导入"举手.mp4"。将"举手.mp4"拖入"时间轴"面板，并使之位于V1轨道。

（2）在"时间轴"面板中单击选中"举手.mp4"，按下空格键预览素材。在画面播放至老师将手伸向小男孩时，再次按下空格键停止播放，如图 5-19所示。

图 5-19

（3）打开"效果控件"面板，单击"位置"和"缩放"前的"切换动画"按钮◎，在此处打上关键帧，如图 5-20所示。

图 5-20

提示

在"效果控件"面板中，每一个参数前都有一个"切换动画"按钮◎，单击此按钮即可为素材添加关键帧。单击此按钮后，此按钮会变为蓝色◎，为素材打上一个关键帧，参数右侧将会出现"转到上一关键帧"◀、"添加/移除关键帧"◎、"转到下一关键帧"▶3个按钮。单击"转到上一关键帧"按钮◀，预览轴将从当前位置转到上一关键帧处；单击"添加/移除关键帧"按钮◎，即可在预览轴当前所在位置添加或移除关键帧；单击"转到下一关键帧"按钮▶，预览轴将从当前位置转到下一关键帧处。如需删除关键帧，单击需要删除的关键帧，然后使用Delete键即可删除；如需删除全部关键帧，再次单击"切换动画"按钮◎，在弹出的"警告"对话框中单击"确定"按钮即可。

（4）将画面向后移6帧左右，在"节目"面板中双击画面，拉动选框调节画面的位置和缩放大小，把小男孩放大移动至画面中心。此时在"效果控件"面板中，系统会自动在当前位置打上关键帧，如图5-21所示。至此，移动放大效果制作完毕。

图 5-21

笔记小结

使用"效果控件"面板中的"切换动画"按钮◯，给素材打上关键帧，从而制作移动放大效果。

剪辑手法3——蒙版字幕

很多视频中经常出现随着人物走出，字幕逐渐显现的效果，如图 5-22所示。此类效果通常出现在片头，向观众介绍视频的主题。

图 5-22

下面将对如何使用剪映专业版和Premiere Pro制作这种字幕效果进行说明。

1. 使用剪映制作蒙版字幕

（1）启动剪映专业版软件，单击"开始创作"按钮 ⬤，在"媒体"面板中导入"走过.mp4"。接着把素材"走过.mp4"拖入剪辑区。

（2）在素材栏中单击"文本"按钮 ，在左侧工具栏中单击"新建文本"选项，把"默认文本"拖至剪辑区，制作花字效果，如图 5-23 所示。

图 5-23

（3）在剪辑区右键单击文字素材，单击"新建复合片段"选项，此时文字素材变成名为"复合片段 1"的视频素材，如图 5-24 所示。

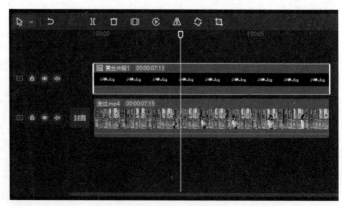

图 5-24

在剪辑区选中素材片段，使用快捷键Alt+G能够快速新建复合片段。由于贴纸和文字素材不能调整层级，使用"新建复合片段"功能能够使文字、贴纸素材转变为视频素材，这样就可以按照需求调节文字和贴纸的层级，使用蒙版、抠像、调节等功能了。此功能还可以将多个素材合并为一个复合片段，相当于Premiere Pro的"嵌套序列"功能，如图 5-25所示。

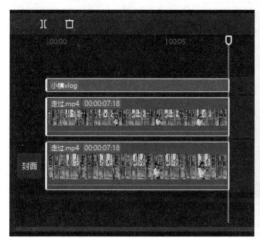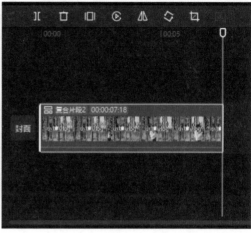

图 5-25

但需要注意的是，在剪映中，新建的复合片段的长度为该复合片段中最长素材的长度，而对于已经复合的片段，无法再次进行复合。

（4）在剪辑区单击素材"走过.mp4"，使用快捷键Ctrl＋C复制素材，然后使用快捷键Ctrl＋V将素材粘贴至"复合片段1"上方，如图 5-26所示。

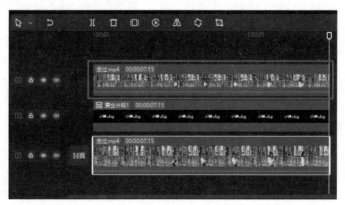

图 5-26

（5）在剪辑区单击复制的"走过.mp4"素材，在属性栏的"画面"中单击"抠像"选项切换面板，单击"智能抠像"前的复选框，如图 5-27所示。此时，素材中的人物就被抠像出来，如图5-28所示。

图 5-27

图 5-28

（6）在剪辑区单击"复合片段1"，观察"播放器"面板的预览画面，将画面暂停在人物与第一个文字重合的地方，在属性栏的"画面"选项中，单击"蒙版"选项，然后单击"镜面"蒙版，调整蒙版选框的宽度和旋转角度，使蒙版选框位于人物后方，如图 5-29所示。单击蒙版右侧的"添加关键帧"按钮◇，在此处打上关键帧，如图5-30所示。

图 5-29

图 5-30

（7）随着画面中人物的前进方向移动蒙版选框的位置，使文字随着人物的移动逐渐出现，如图 5-31所示。在移动蒙版选框时，系统会自动打上关键帧，如图 5-32所示。蒙版字幕的效果制作完毕。

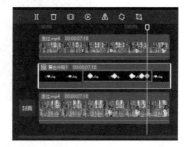

图 5-31   图 5-32

笔记小结

1. 新建文字标题，创建复合片段。

2. 复制视频，对画面人物进行智能抠像。

3. 添加蒙版，调整位置，使文字跟随人物出现。

2. 使用Premiere Pro制作蒙版字幕

（1）启动Premiere Pro软件，新建一个名称为"蒙版字幕"的项目，在"项目"面板中导入"走过.mp4"。将"走过.mp4"拖入"时间轴"面板，并使之位于V1轨道。

（2）执行"文件"|"新建"|"旧版标题"命令，在画面中输入文字，制作花字样式，如图5-33所示。

图 5-33

（3）把字幕从"项目"面板拖入"时间轴"面板，并将之拉至与"走过.mp4"素材等长。长按Alt键，同时将V1轨道上的"走过.mp4"向上拖至V3轨道，此时V1轨道的素材被复制到V3轨道，如图5-34所示。

图 5-34

（4）在"时间轴"面板单击V3轨道上的"走过.mp4"素材，打开"效果控件"面板，单击"不透明度"选项中的"自由绘制贝塞尔曲线"按钮 ，调出绘制蒙版的钢笔工具，如图5-35所示。

图 5-35

（5）在"节目"面板中沿人物边缘添加锚点，并使路径闭合，如图5-36所示。此时画面中的人物被抠像出来。

图 5-36

可以在剪辑区单击V1轨道前的
"切换输出轨道"按钮，关闭
V1轨道，如图 5-37所示。观察
抠像情况。V1轨道关闭后"节
目"面板中的画面如图 5-38所
示。确认蒙版效果后，再次单击
V1轨道前的"切换输出轨道"按
钮，打开V1轨道。

图 5-37

图 5-38

（6）完成抠像后，打开
"效果控件"面板，单击"不
透明度"选项中"蒙版路径"
前的"切换动画"按钮，在
此打上关键帧。然后跟随人物
向前移动的方向，移动画面中
的蒙版路径，同时调整锚点的
位置，改变蒙版路径的形状，
使人物始终出现在蒙版路径的
范围之内。系统会随着路径移
动，自动打上关键帧，如图
5-39所示。

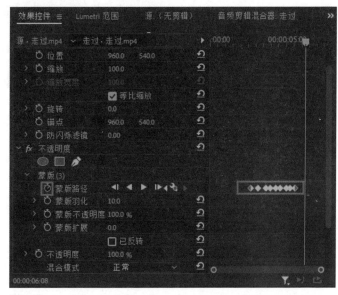

图 5-39

（7）在"时间轴"面板中单击文字素材，按下空格键播放预览画面，当播放至人物走到第一个字前的画面时暂停。打开"效果控件"面板，单击"不透明度"选项中的"创建4点多边形蒙版"按钮■，如图 5-40所示。在"节目"面板的预览画面中，建立一个多边形蒙版，使文字位于蒙版路径中。

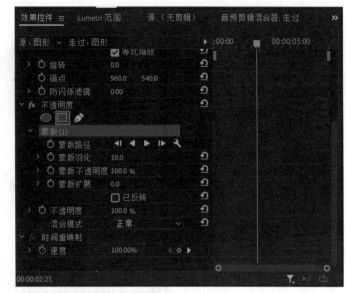

图 5-40

（8）将多边形蒙版路径移动至人物的后方，如图5-41所示。然后打开"效果控件"面板，单击"蒙版路径"前的"切换动画"按钮■，在此打上关键帧。随着画面中人物的移动，调整蒙版的位置，使蒙版始终位于人物后方，这样文字就会随着人物的移动逐渐出现，效果制作完毕。

图 5-41

笔记小结

1. 在"效果控件"面板的"不透明度"选项中选择合适的蒙版工具，建立蒙版路径，对画面中的人物和文字分别进行抠像和蒙版创建。

2. 随着人物的移动，移动蒙版路径的位置，使文字随着人物的移动而显现。

剪辑手法4——大头效果

综艺中经常出现大头效果，即将人物的头部突然放大，如图 5-42所示。这种效果一般用于突出人物的表情，强调人物情绪。

图 5-42

下面将对如何使用剪映专业版和Premiere Pro制作大头效果进行说明。

1. 使用剪映制作大头效果

（1）启动剪映专业版软件，单击"开始创作"按钮，在"媒体"面板中导入"打电话.mp4"。接着把视频素材拖入剪辑区。

（2）在剪辑区中单击"打电话.mp4"，使用快捷键Ctrl+C复制素材，然后使用快捷键Ctrl+V将复制的素材粘贴至原素材上方。

（3）单击复制出来的素材，在属性栏的"画面"中单击"抠像"选项，如图 5-43所示，将画面中的人物抠像出来。然后单击"基础"选项，调节参数"缩放"，增加此参数的数值，放大素材。

图 5-43

（4）单击"蒙版"选项，选
择"圆形"蒙版，将"羽化"数值
调为2，如图5-44所示。

图 5-44

（5）在"播放器"面板的
预览画面中，将蒙版选框移动
至人物头部处，如图 5-45所
示。大头效果制作完毕。

图 5-45

在剪映中，除了使用蒙版以外，还可以使用特效制作大头效果，下面将对此进行简略说明。

（1）启动剪映专业版软件，单击"开始创作"按钮🔘，在"媒体"面板中导入"打电话.mp4"。接着
将视频素材拖入剪辑区。

（2）在素材栏中单击"特
效"按钮⛥，在左侧单击"特效
效果"选项，在"基础"分类中，
单击其中的特效"放大镜"，如
图 5-46所示。将此特效拖至
剪辑区。

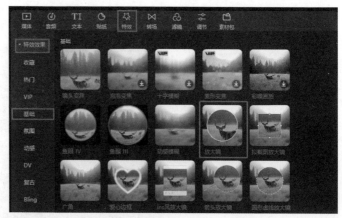

图 5-46

（3）在剪辑区中单击特效素材，在属性栏中可以调整特效参数，如图5-47所示。

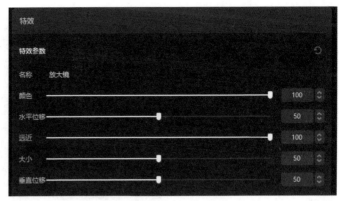

图 5-47

（4）调整特效参数，使特效作用于人物头部，如图 5-48 所示。大头效果制作完毕。

图 5-48

笔记小结

1. 使用"智能抠像"和"蒙版"功能，放大人物头部。

2. 使用特效"放大镜"放大人物头部。

2. 使用Premiere Pro制作大头效果

（1）启动Premiere Pro软件，新建一个名称为"大头效果"的项目，在"项目"面板中导入"打电话.mp4"。将"打电话.mp4"拖入"时间轴"面板，并使之位于V1轨道。

（2）在"项目"面板中单击右键，执行"新建项目"|"调整图层"命令，将新建的调整图层拖动至"时间轴"面板的V2轨道。

（3）打开"效果"面板，在文字输入框中输入"球面化"进行检索，选择"扭曲"中的效果"球面化"如图5-49所示。

图 5-49

（4）将效果"球面化"拖动至"时间轴"面板V2轨道上的调整图层中，打开"效果控件"面板，调整效果"球面化"选项中参数"半径"和"球面中心"的数值，如图5-50所示。调整完毕后，画面效果如图5-51所示。至此，大头效果制作完毕。

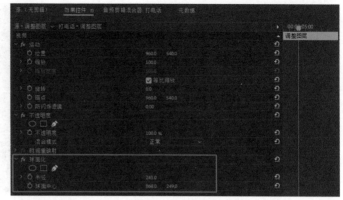

图5-50

图5-51

除了使用效果"球面化"以外，还可以使用效果"放大"制作此种大头效果，下面将对此进行简要说明。

（1）启动Premiere Pro软件，新建一个名称为"大头效果"的项目，在"项目"面板中导入"打电话.mp4"。将"打电话.mp4"拖入"时间轴"面板，并使之位于V1轨道。

（2）在"项目"面板中单击右键，执行"新建项目"|"调整图层"命令，将新建的调整图层拖动至"时间轴"面板的V2轨道。

（3）打开"效果"面板，在文字输入框中输入"球面化"进行检索，选择"扭曲"中的效果"放大"，如图5-52所示。

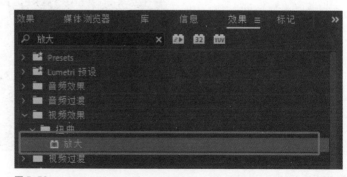

图5-52

（4）将效果"放大"拖动至"时间轴"面板V2轨道上的调整图层中，"节目"面板的画面中央将会出现一个圆形放大区域，如图 5-53所示。

图 5-53

（5）打开"效果控件"面板，主要调整效果"放大"的"中央""放大率"及"大小"这三个参数，如图 5-54所示。调节这三个参数使圆形放大区移动至人物头部，如图 5-55所示。至此，大头效果制作完毕。

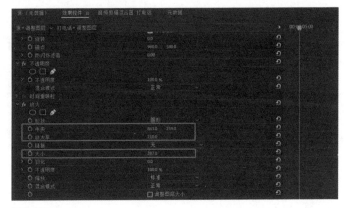

图 5-54

提示

参数"中央"控制放大区域的位置；参数"放大率"控制放大区域内画面的缩放大小；参数"大小"控制放大区域的大小。

图 5-55

笔记小结

1. 新建"调整图层"，在调整图层上应用效果。

2. 使用效果"球面化"放大人物头部，制作大头效果。

3. 使用效果"放大"放大人物头部，制作大头效果。

剪辑手法5——背后出字

背后出字的效果在综艺剪辑中也十分常见，这种效果一般用于强调人物所说的重点词汇，能使画面显得趣味十足，如图 5-56所示。

图 5-56

下面将对如何使用剪映专业版和Premiere Pro制作背后出字进行说明。

1. 使用剪映制作背后出字效果

（1）启动剪映专业版软件，单击"开始创作"按钮█，在"媒体"面板中导入"素材.mp4"。接着把视频素材拖入剪辑区。

（2）在素材栏中单击"文本"按钮█，在左侧菜单中单击"新建文本"选项，将"默认文本"拖入剪辑区，并放置在需要背后出字的段落上方。在属性栏中修改文内容，制作花字效果，如图 5-57所示。在剪辑区中右键单击文字素材，单击"新建复合片段"选项。

图 5-57

（3）使用分割工具将需要背后出字的段落分割出来，使用快捷键Ctrl＋C复制分割出来的段落，然后使用快捷键Ctrl＋V将之粘贴至剪辑区，并将其放置在文字素材上方，如图 5-58所示。

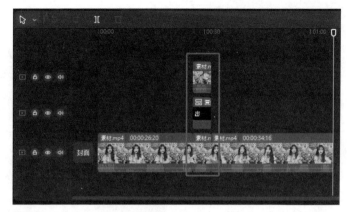

图 5-58

此时文字由于被复制段落遮挡了，在"播放器"面板的预览画面中看不见文字。如果出现素材层级错误，可以在剪辑区中单击需要调整层级的素材，然后在属性栏"画面"选项的"基础"中调整素材层级，如图5-59所示。层级数字越小，素材越在下层。

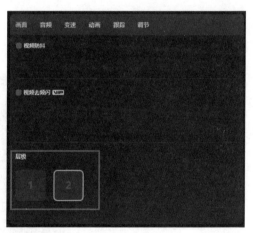

图 5-59

（4）单击最上层的复制素材，在属性栏"画面"选项的"抠像"中，单击"智能抠像"前的复选框，如图 5-60所示。此时画面中的人物就被抠像出来。

图 5-60

如果画面背景较为杂乱，除了使用"智能抠像"功能以外，还可以使用"蒙版"功能，将画面中的中心人物抠像出来，如图 5-61 所示。不论哪种操作，只要能露出文字即可。

图 5-61

（5）在剪辑区中单击文字素材，将预览轴移动至人物说出"出字"之后的位置，在属性栏中单击"位置大小"右侧的"添加关键帧"按钮◇，在此处打上一个关键帧。将预览轴移动至文字素材前端，在此处缩小文字素材，使文字藏在人物背后，系统会自动在当前位置打上关键帧，如图5-62所示。至此，人物背后出字效果制作完毕。

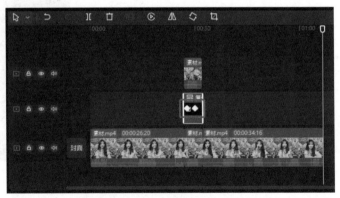

图 5-62

笔记小结

1. 创建花字，新建文本复合片段。

2. 复制需要背后出字的视频片段。

3. 使用"智能抠像"或"蒙版"功能完成人物抠像。

4. 给文字打上关键帧，完成背后出字效果的制作。

2. 使用Premiere Pro制作背后出字效果

（1）启动Premiere Pro软件，新建一个名称为"背后出字"的项目，在"项目"面板中导入"素材.mp4"。将"素材.mp4"拖入"时间轴"面板，并使之位于V1轨道。

（2）执行"文件"|"新建"|"旧版标题"命令，在弹出的"旧版标题"对话框中输入文字内容，并制作花字效果，制作完成后的效果如图5-63所示。

图 5-63

（3）将"项目"面板中的文字素材拖入"时间轴"面板的V2轨道，调整素材位置，使之位于需要背后出字的片段上方，如图 5-64所示。

图 5-64

（4）单击工具栏中的"剃刀工具"按钮🔪，将V1轨道中需要背后出字的视频片段分割出来。长按Alt键，移动鼠标以将该片段拖至V3轨道，此时该片段就被复制到了V3轨道，如图 5-65所示。

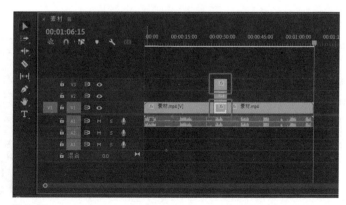

图 5-65

（5）单击V3轨道上的素材，打开"效果控件"面板，单击"不透明度"选项中的"自由绘制贝塞尔曲线"按钮，调出绘制蒙版的钢笔工具，在"节目"面板中沿人物边缘添加锚点，并使路径闭合。此时人物就被抠像出来，画面中可以看到文字，如图5-66所示。

图5-66

（6）抠像完毕后，打开"效果控件"面板，单击"不透明度"选项中"蒙版路径"前的"切换动画"按钮，为此素材打上关键帧。播放视频，在人物动作发生大幅度变化时暂停，调整蒙版路径的形状和位置，使蒙版路径跟随人物移动，蒙版路径发生变化时，系统将自动打上关键帧，如图5-67所示。

图5-67

（7）在"时间轴"面板中单击文字素材，打开"效果控件"面板，单击"运动"选项中"缩放"前的"切换动画"按钮，在素材开头处打上关键帧，并将文字缩小至被人物完全挡住。将时间轴移动至素材结尾处，将文字放大至清晰无遮挡，此时系统将自动打上关键帧，如图5-68所示。至此，人物背后出字效果制作完毕。

图5-68

笔记小结

1. 新建旧版标题，制作花字效果。

2. 分割、并复制需要背后出字的视频片段，并将之拖动至上层轨道。

3. 绘制蒙版路径对人物进行抠像。

4. 给文字添加关键帧，制作出场动画。

剪辑手法6——蒙版圈圈

蒙版圈圈的效果在口播和Vlog视频里都十分常见。这种效果一般用于突出重点词汇，或者强调有趣的画面，如图5-69所示。

图 5-69

下面将对如何使用剪映专业版和Premiere Pro制作蒙版圈圈进行说明。

1. 使用剪映制作蒙版圈圈

（1）启动剪映专业版软件，单击"开始创作"按钮，在"媒体"面板中导入"素材.mp4"和"粉色色卡.png"。

（2）将"素材.mp4"拖入剪辑区，并调整素材持续时长。将需要应用蒙版圈圈效果的片段分割出来，并移至主视频轨道上方。接着把"粉色色卡.png"拖入剪辑区的主视频轨道后，调整此素材长度，使之与分割出来的"素材.mp4"对齐，如图 5-70所示。

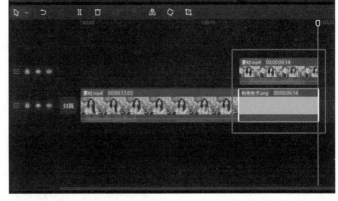

图 5-70

（3）在剪辑区单击分割出来的"素材.mp4"，在属性栏中单击"画面"选项，单击"蒙版"选项切换面板，选择圆形蒙版，如图 5-71 所示。

图 5-71

（4）在"播放器"面板中预览画面中调整蒙版选框的位置和大小，保留画面中的主要人物，如图 5-72所示。

提示

确定好蒙版选框中的画面后，在属性栏中单击"基础"切换面板，此时可以整体调节蒙版素材的位置和缩放大小，而不改变蒙版所选择的范围。

图 5-72

（5）在素材栏中单击"文本"按钮Ｔ，在左侧单击"新建文本"选项，将"默认文本"拖入剪辑区，在属性栏中输入文字内容，制作花字效果。然后在剪辑区中调节素材的位置和长度，使之与应用蒙版圈圈效果片段对齐，如图 5-73所示。

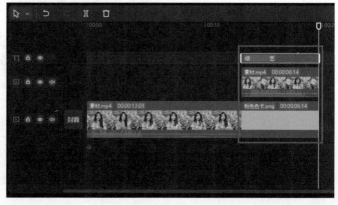

图 5-73

（6）蒙版制作完成后，在"播放器"面板的预览画面中，对蒙版圈圈以及文字的位置进行调整，如图 5-74所示。至此，蒙版圈圈效果制作完毕。

图 5-74

笔记小结

1. 分割出需要应用蒙版圈圈效果的素材片段。

2. 在主视频轨道后方垫上纯色素材。

3. 为分割出来的素材加上"圆形"蒙版。

4. 添加文字，丰富画面。

2. 使用Premiere Pro制作蒙版圈圈

（1）启动Premiere Pro软件，新建一个名称为"蒙版圈圈"的项目，在"项目"面板中导入"素材.mp4"和"粉色色卡.png"。将"素材.mp4"拖入"时间轴"面板，并使之位于V1轨道。

（2）在"时间轴"面板中调整素材持续时长，单击工具栏中的"剃刀工具"按钮 ，把需要应用蒙版圈圈效果的片段用剃刀工具分割出来，并将分割出来的片段拖至V2轨道。接着把"粉色色卡.png"拖入V3轨道，调整此素材，使之位于V2轨道素材的上方，并与该素材长度相等，随后将"粉色色卡.png"拖入V1轨道，补齐空缺，如图 5-75所示。

图 5-75

（3）在"时间轴"面板中单击V2轨道上的"素材.mp4"，打开"效果控件"面板，单击"不透明度"选项中的"创建椭圆形蒙版"按钮，调出圆形蒙版工具，根据画面需求调整"蒙版羽化"数值，如图5-76所示。

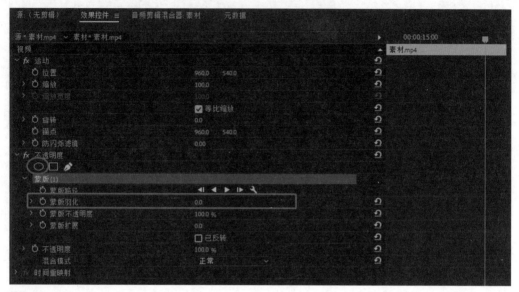

图5-76

 提示

"蒙版羽化"可以虚化蒙版边缘，使蒙版边缘出现渐渐过渡的效果。

（4）在"节目"面板的预览画面中绘制一个圆形蒙版，调整蒙版路径的范围，保留画面中的主要人物，如图5-77所示。

图5-77

提示

如果直接拖动锚点，获得的将是椭圆形蒙版范围，如图 5-78所示。按住Shift键的同时拖动其中一个锚点，就可以获得正圆形蒙版范围，如图 5-79所示。

图 5-78

图 5-79

（5）执行"文件"|"新建"|"旧版标题"命令，在弹出的"旧版标题"对话框中输入文字内容，制作花字效果。制作完毕后，将文字素材从"项目"面板拖入"时间轴"面板V3轨道，使之与"粉色色卡.png"对齐，如图 5-80所示。

图 5-80

（6）操作完毕后，画面如图 5-81所示。至此，蒙版圈圈效果制作完毕。

图 5-81

笔记小结

1. 分割出需要应用蒙版圈圈效果的素材片段，创建椭圆形蒙版。

2. 调整蒙版的位置和大小。

3. 添加文字，丰富画面。

剪辑手法7——分段标题

　　分段标题很常见，即根据视频中动态画面的内容，使用蒙版及各种文字边框的排版，制作出每一小段都有相似的主标题的视频，方便视频观看者能对视频各重点板块有一个更好的认识，如图 5-82所示。

图 5-82

　　下面将对如何使用剪映专业版和Premiere Pro制作分段标题进行说明。

1. 使用剪映制作分段标题

　　（1）启动剪映专业版软件，单击"开始创作"按钮⬤，在"媒体"面板中导入"素材.mp4"和"紫色色框.png"。

　　（2）将"素材.mp4"拖入剪辑区，并调整素材持续时长。将需要添加分段标题的片段分割出来，移至主视频轨道上方。接着把"紫色色框.png"拖入剪辑区的主视频轨道后方，调整"紫色色框"素材的长度，使之与分割出来的"素材.mp4"对齐，如图 5-83所示。

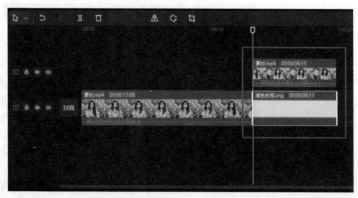

图 5-83

（3）在剪辑区中单击分割出来的"素材.mp4"，在属性栏中单击"画面"选项，单击"蒙版"选项切换面板，选择矩形蒙版，并适量增加参数"圆角"的数值，如图 5-84所示。

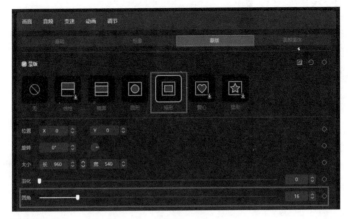

图 5-84

增加"圆角"数值能够使矩形蒙版选框的4个角变得圆润，减少锋利感。除了在属性栏中通过设置参数"圆角"的数值调节蒙版选框的圆角程度外，还可以通过在"播放器"面板中直接向外拉动"圆角"按钮来进行调整。

（4）在"播放器"面板的预览画面中调整蒙版选框的位置和大小，保留画面中的主要人物，如图 5-85所示。

图 5-85

（5）确定好蒙版选框中的画面后，在属性栏中单击"基础"切换面板，将人物移动至画面左侧，并适当缩小，为分段标题文字留下足够的空间，如图5-86所示。

图 5-86

（6）在素材栏中单击"文本"按钮Ⅱ，再单击左侧的"新建文本"选项，将"默认文本"拖入剪辑区，调整素材的位置和长度，使之与需要添加分段标题的片段对齐，如图5-87所示。

图 5-87

（7）在属性栏中输入文字内容，制作花字效果。然后在"播放器"面板的预览画面中调整分段标题的位置，使之位于画面右侧，如图5-88所示。至此，分段标题制作完毕。

图 5-88

笔记小结

1. 分割出需要应用分段标题效果的素材片段，在主视频轨道后方垫上色框素材。

2. 为分割出来的素材加上"矩形"蒙版。

3. 添加分段标题，制作花字效果。

2. 使用Premiere Pro制作分段标题

（1）启动Premiere Pro软件，新建一个名称为"分段标题"的项目，在"项目"面板中导入"素材.mp4"和"紫色色框.png"。将"素材.mp4"拖入"时间轴"面板，并使之位于V1轨道。

随书附赠的素材文件中存有三种不同颜色的色框，读者可以根据需求取用，也可以使用Photoshop等软件制作色框。

（2）在"时间轴"面板中调整素材持续时长，并单击工具栏中的"剃刀工具"按钮，把需要添加分段标题的片段用剃刀工具分割出来，并将分割出来的片段拖至V2轨道。接着把"紫色色卡.png"拖入V1轨道后方，调整此素材，使之长度与V2轨道上的素材长度相等，如图5-89所示。

图 5-89

（3）在"时间轴"面板中单击V2轨道上的"素材.mp4"，打开"效果控件"面板，单击"不透明度"选项中的"创建椭圆形蒙版"按钮，调出蒙版绘制工具，根据画面需求调整蒙版边缘的"蒙版羽化"数值，如图 5-90 所示。

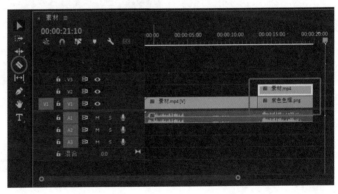

图 5-90

（4）在"节目"面板的预览画面中调整蒙版路径的范围，以保留画面中的主要人物，如图 5-91所示。

图 5-91

（5）单击"效果控件"面板中的"运动"选项，直接在"节目"面板中调整蒙版素材的位置和大小，并将之移动至画面左侧，为分段标题文字留下足够的空间，如图 5-92所示。

图 5-92

（6）执行"文件"|"新建"|"旧版标题"命令，在弹出的"旧版标题"对话框中输入文字内容，制作花字效果。制作完毕后，将文字素材从"项目"面板拖入"时间轴"面板V3轨道，使之与"紫色色框.png"对齐，如图 5-93所示。

图 5-93

（7）操作完毕后，画面如图 5-94所示。至此，分段标题添加完毕。

图 5-94

笔记小结

1. 分割出需要应用分段标题效果的素材片段，创建椭圆形蒙版。

2. 调整蒙版片段的位置和大小。

3. 添加分段标题，制作花字效果。

第 6 章

综艺感Vlog剪辑

◆　◆　◆

Vlog可以被看作是视频日记，很多人都以Vlog的形式记录和分享日常生活。而综艺感Vlog，就是在普通的Vlog的基础上，加上各种具有综艺感的效果，使普通的Vlog像综艺节目一样拥有更多看点，提高视频的趣味性。

本章将会对Vlog的4种元素和两种模式进行说明，并向读者介绍能使普通Vlog变成综艺感Vlog的制作小技巧。在介绍这些制作技巧时，为了满足不同的剪辑需求，案例将分别使用Premiere Pro和剪映专业版这两款软件制作，并列出制作步骤。

Vlog的4种元素和两种模式

　　Vlog形式的视频内容非常丰富，既有生活记录、学习总结，也有心得分享、个人体会等，这就使Vlog成为了非常常见的视频形式。在进行Vlog制作之前，应该对其构成元素以及制作模式有所了解。

Vlog的4种元素

　　Vlog主要包含4种元素，分别为主题、悬念、记录过程及彩蛋，下面将分别对这4种元素进行说明。

1. 主题

　　在视频的开头，首先要向屏幕前的观众介绍视频的主题。主题是对视频主要内容的提炼，让观众大致了解视频将会讲述什么内容，留住对此主题感兴趣的观众。确定一个主题，围绕这个主题制作Vlog，就不会使视频变得松散混乱，让观众不知所云了。

　　以Room Tour Vlog（房间参观Vlog）为例，在视频的开头，放上如图 6-1所示的素材，并配上旁白"欢迎大家来到我30平的小房子，今天带你们看看我的新家"，简单明了地切入了视频主题，也非常顺利地将视频引向下一个环节，也就是参观房间。

图 6-1

2. 悬念

悬念能够激发观众的好奇心，适时抛出悬念，能让观众对视频的后续内容有所期待。悬念的形式有很多种，简单且常见的形式就是设问。

同样以Room Tour Vlog（房间参观Vlog）为例，如图 6-2所示，向观众展示房间的同时提出问题"30平拥有9个柜子，我是如何压榨干每一寸空间的？"然后在后续视频中给出回答。

图 6-2

3. 记录过程

在制作Vlog时，可以围绕视频主题记录事件的整个过程。以Room Tour Vlog（房间参观Vlog）为例，可以对房间的每个部分进行介绍，并向观众展示从毛坯房到装修布置完毕的整个过程，如图 6-3所示。

当然，在制作时并不需要将整个过程巨细无遗地记录下来，只需要挑选具有代表性的重点素材进行展示就可以了。

图 6-3

4. 彩蛋

彩蛋通常出现在视频的结尾部分，通常是拍摄花絮、无法放进正片的段落以及预告等。同样以 Room Tour Vlog（房间参观Vlog）为例，在视频的结束部分，可以放上装修片段作为彩蛋，如图 6-4所示。彩蛋有助于提升视频的趣味性，放松观众的情绪等。

图6-4

Vlog的两种模式

Vlog视频主要有两种制作模式：有脚本的Vlog和无脚本的Vlog。这两种制作模式分别适用于不同的制作情景，下面将分别进行说明。

1. 有脚本的Vlog

有脚本的Vlog，可以理解为是有规划的Vlog。此类Vlog的制作要求相对较高，需要在拍摄前制定好拍摄计划和拍摄脚本。如果把制作Vlog比作写故事，那么拍摄脚本就是故事大纲，把握着故事的整体走向。在拍摄脚本中，需要列出拍摄镜头、景别、画面内容等。这样做能够避免拍出无效素材，提高拍摄效率，并能推动拍摄有条不紊的进行。同时，脚本能够为剪辑提供清晰的故事线，节约查找和排列素材的时间，大大提高剪辑效率。

对于Vlog制作来说，脚本的格式没有统一的要求，只要清楚标注了镜头、景别、画面内容等关键要素，简单易懂、清晰明了即可。图 6-5是一个脚本示例，读者可以在此基础上，根据拍摄需求进行调整。

发布达人:	阿猪不是猪			发布时间:	2022/7/7	修改建议
主题方向:	用XXXs出一期教程，展示高颜值，轻薄本也能是性能本。			总时长:	3-4mins	
视频标题:	‘后期狗’同款生产力丨轻薄本的惊艳表现			口播场景		
封面文案:	‘后期狗’同款生产力					
拍摄版式（横版/竖版）	横板					
产品（合集合作：产品按出场顺序	XXX					
镜头	景别	大概时长/S	画面内容	字幕+口播	特效花字	
1	近景/特写/中景/录屏画面/特效	20s		片头口播：Hello懒猪宝贝们，作为一个‘后期狗’来说，设备重，大，贵就好像是我们的标配。但是对于想要同时具备轻便+美观+后期/游戏这些看似矛盾的需求的用户来说，选择XXXXX真的是不错的选择。之前问设备的懒猪宝贝比较多，我真的有在好好选！这台XXX从我拿到手，用到现在，差不多小半个月啦，今儿所有视频我都会使用它来完成，看教程的同时，和我一起感受一下它的超强性能吧。	XXX	
2	近景/特写/中景/录屏画面/特效	30s	HELLO 2020	教程1（口播）：今儿配上我的新设备，必须整点炫酷的。这个看似简单，实际容易到起飞的镂空动态片头（插入片头素材）~配上XXX超感屏，它的边框很窄，所以视野看上去就很好，而且它还有XX分辨率＋XXX屏幕刷新率（插入屏幕素材），简单来说就是保证清晰度的同时、流畅性也丝毫不拉垮。这边我可能没有拍出这块屏幕的高级感，就是相似颜色之间那种明暗过渡非常自然，很接近肉眼的观看效果。（屏幕播放4K 高清素材的画面）有那么一瞬间我都感觉我做的视频高级了。废话不多说我们用新设备打开PR~	XXX	

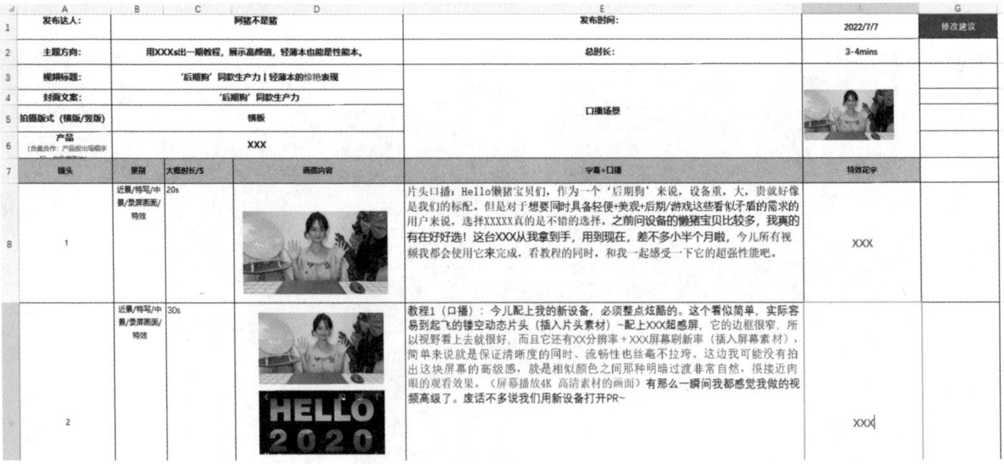

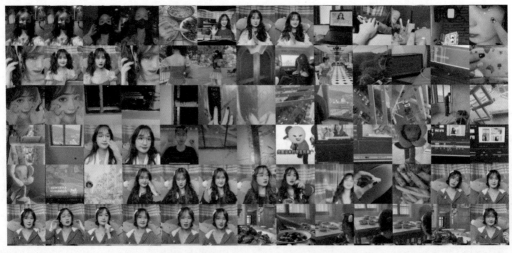

图 6-5

2. 无脚本的Vlog

如果只是简单的日常记录，大部分人并不会为此特意写一个脚本。因此，相比有脚本的Vlog，无脚本的Vlog制作更为随心所欲一些。在智能手机普及的今天，很多人的手机中都存有丰富的随手拍素材，如图 6-6所示。可以从这些碎片素材中挑选一些有趣的片段，按照一定的逻辑简单衔接起来，制作一则生活碎片Vlog。

图 6-6

6.2 使用Premiere Pro为Vlog添加趣味综艺效果

了解了Vlog元素和模式后，就可以开始进行制作了。本节将结合具体案例，分别对如何使用Premiere Pro为Vlog添加三屏定格移动、六屏趣剪、黑影描边、追光效果这4种趣味综艺效果进行拆解说明。

三屏定格移动

现在很多综艺都出现过三屏移动效果，例如在综艺《全力以赴的行动派》第一期中，某位嘉宾被关在集装箱里，叫天天不灵，叫地地不应，"哀求"伙伴们来解救他的场景，节目就是以三屏定格移动的形式呈现的。这种效果能够在压缩时长的同时，较为全面地呈现事件的经过，传达出人物焦急、烦躁等情绪，如图 6-7 所示。

图 6-7

下面将对如何使用Premiere Pro制作三屏定格移动效果进行说明。

（1）启动Premiere Pro软件，新建一个名称为"三屏定格移动"的项目，在"项目"面板中导入"女孩拦车.mp4""竖.png"以及背景音乐和音效素材。将"女孩拦车.mp4"拖入"时间轴"面板，并使之位于V1轨道，此时系统会自动建立一个与此素材比例相同的序列。

（2）在"时间轴"面板中单击"女孩拦车.mp4"，在工具栏中单击"剃刀工具"按钮 。预览素材画面，在人物动作发生变化时（女孩招手拦车、捋头发）对素材进行分割，将素材分为3段，如图6-8所示。

图6-8

（3）保持V1轨道上的第一段素材不动，将分割出来的第二段素材向上移动至V2轨道，将第三段素材向上移动至V3轨道，如图6-9所示。

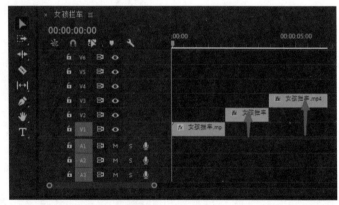

图6-9

（4）单击V1轨道上的素材，将预览轴移动至此段素材距离结尾10帧左右的位置，如图 6-10所示。打开效果控件面板，单击"运动"选项中"位置"前的"切换动画"按钮 ，在此处打上关键帧，如图6-11所示。

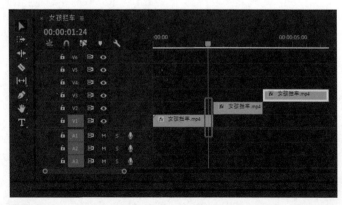

图6-10

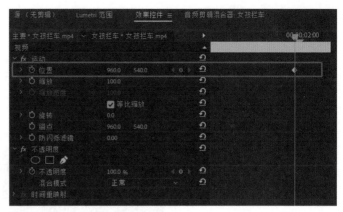

图 6-11

（5）在"时间轴"面板中，将预览轴移至V1轨道上素材的末端，在"效果控件"面板中将"位置"右侧的第一个数值（X轴数值，表示画面的水平位置）向左拖动，此时"节目"面板中，素材画面将向左移动，如图 6-12所示。调节位置参数的数值，使素材中的人物占据画面左侧1/3部分的中心位置。调节完毕后，系统将在此处自动打上一个关键帧，如图 6-13所示。

图 6-12

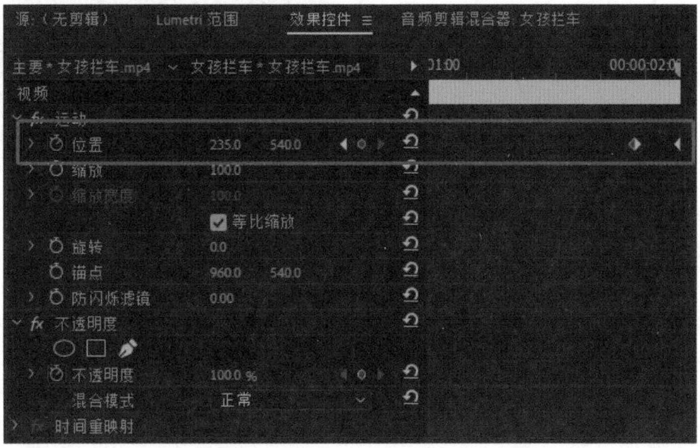

图 6-13

一般情况下，可以在"节目"面板的预览画面中选中素材，直接移动素材的位置。但当画面素材过多，或需要进行细微调整时，通过在"效果控件"面板中调整参数"位置"的数值来移动素材位置，操作更为精准。

（6）使用"剃刀工具"将V1轨道上素材的最后一帧分割出来。长按工具栏中的"波纹编辑工具"按钮◄►，在弹出的浮窗中单击"比特率拉伸工具"按钮，使用此工具将分割出来的这一帧素材拉长，使此素材的末端与V3轨道素材的末端对齐，如图6-14所示。

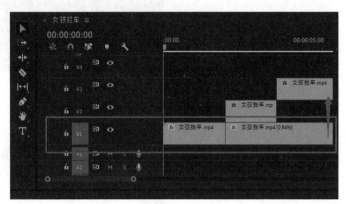

图6-14

（7）单击工具栏中的"选择工具"按钮▶切换光标。单击V1轨道上的素材，在"效果控件"面板中单击"运动"下方"位置"右侧的"转到上一关键帧"按钮◄或"转到下一关键帧"按钮▶，使预览轴移动至此素材的第一个关键帧处，如图6-15所示。

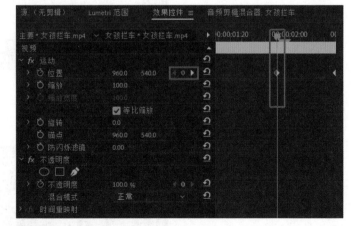

图6-15

如果此时预览轴位于第一个关键帧左侧，单击"转到下一关键帧"按钮▶，如果位于右侧，则单击"转到上一关键帧"按钮◄。

（8）在"时间轴"面板中移动V2轨道上的素材，使此素材的起始端位于V1轨道素材的第一个关键帧处，如图 6-16所示。

（9）打开"效果"面板，在文字输入框中输入"裁剪"进行检索，如图 6-17所示。将"变换"分类下的效果"裁剪"拖至V2轨道"女孩拦车.mp4"素材上。

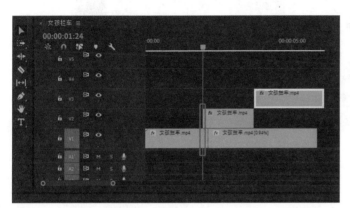

图 6-16

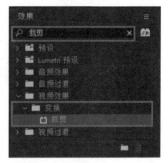

图 6-17

（10）打开"效果控件"面板，调整"裁剪"下方"左侧"的数值，裁剪素材左侧的多余部分。裁剪完毕后，调整"运动"选项中"位置"的数值，使素材中的人物位于画框中间1/3部分的中心位置，如图 6-18和图 6-19所示。

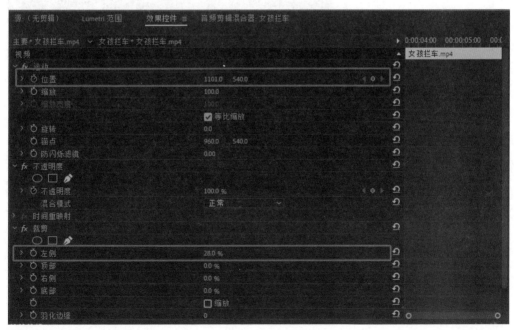

图 6-18

图 6-19

（11）单击V1轨道上的素材，使预览轴位于此素材的第二个关键帧处，如图 6-20 所示。然后单击V2轨道上的素材，在"效果控件"面板中单击"运动"选项中"位置"前的"切换动画"按钮，在此处打上关键帧，如图 6-21 所示。

图 6-20

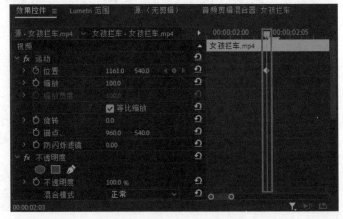

图 6-21

（12）再次单击 V1 轨道上的素材，并使预览轴位于此素材的起始处，然后单击 V2 轨道上的素材，打开"效果控件"面板，调整"运动"选项中"位置"右侧的第一个数值，使画面向右移动至画框外，此时系统将会自动在此位置打上关键帧，如图 6-22 所示。

图 6-22

（13）将"竖.png"拖入"时间轴"面板 V4 轨道，使其起始端与 V1 轨道第一段素材的末端对齐，如图 6-23 所示。打开"效果控件"面板，调整"运动"选项中"位置"右侧的数值，将"竖.png"移动至画面左侧 1/3 线处，如图 6-24 所示。

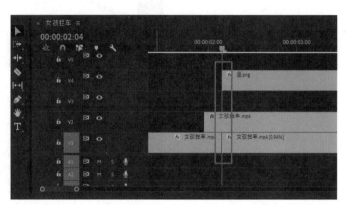

图 6-23

图 6-24

（14）使用剃刀工具将V2轨道上素材的最后一帧分割出来，长按工具栏中的"波纹编辑工具"按钮，在弹出的浮窗中单击"比特率拉伸工具"按钮，使用此工具拉长分割出来的这一帧素材，使此素材的末端与V3轨道素材的末端对齐，如图6-25所示。

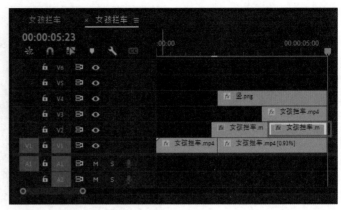

图6-25

（15）采用同样的方法处理V3轨道上的素材。打开"效果"面板，在文字输入框中输入"裁剪"进行检索。将"变换"分类下的效果"裁剪"拖至V3轨道素材上。

（16）打开"效果控件"面板，调整"裁剪"选项中"左侧"的数值，裁剪掉素材左侧的多余部分。裁剪完毕后，调整"运动"选项中"位置"的数值，使素材位于画面右侧1/3部分的中心位置，使画面三等分，如图 6-26所示。

图6-26

（17）将V3轨道上的素材向轨道右侧移动，使之与V2轨道第一段素材有约10帧左右的重合。使预览轴位于V2轨道第一段素材的末端。

（18）单击V3轨道上的素材，打开"效果控件"面板，单击"运动"选项中"位置"前的"切换动画"按钮，在此处打上关键帧。

（19）将预览轴移动至V3轨道素材起始端，打开"效果控件"面板，调整"运动"选项中"位置"右侧的第一个数值，使画面向右移动至画框外，此时系统将会自动在此位置打上关键帧。

（20）将"竖.png"拖入"时间轴"面板中的V5轨道，使其起始端与V2轨道第一段素材的末端对齐。打开"效果控件"面板，调整"运动"选项中"位置"右侧的数值，将"竖.png"移动至画面右侧1/3线处，如图 6-27所示。

图 6-27

（21）画面效果制作完毕后，执行"文件"|"新建"|"旧版标题"命令，为每个画面制作相应的花字，并添加声音效果。所有素材添加完毕后，"时间轴"面板中的素材排布如图 6-28所示。

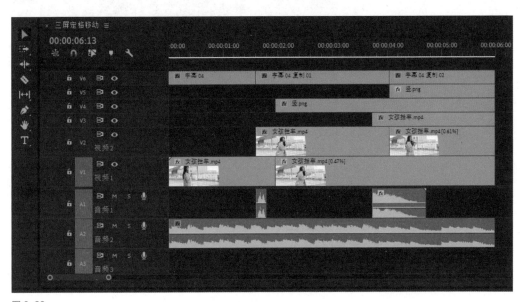

图 6-28

笔记小结

1. 导入素材，用剃刀工具把素材分为三段，分别放置于V1、V2、V3轨道。

2. 在V1轨道素材尾部10帧左右的位置，使用关键帧制作位移效果。

3. 将V1轨道素材最后一帧分割出来，用比特率拉伸工具将之拉长，制作定格画面。

4. 给V2轨道素材添加裁剪效果，裁剪掉素材画面左侧多余的片段，并使该素材位于画面中间1/3部分的中心位置。

5. 在V2素材的末端使用关键帧制作位移定格效果。

6. 在画面中添加素材"竖.png"，分隔定格画面。

7. 使用相同的方法为V3轨道素材制作移动定格效果，完成后，为画面添加花字和声音素材。

六屏趣剪

在很多综艺中，经常会出现画面丰富的多屏效果。多屏效果能够展示多个画面，既可以表现不同空间中同时进行的活动，也可以表现同一人物不同时期的变化对比等。当在面临选择时，多屏效果还能表现人物做选择时的犹疑不定，如图6-29所示。

图6-29

下面将对如何使用Premiere Pro制作六屏趣剪效果进行说明。

（1）启动Premiere Pro软件，新建一个名称为"六屏趣剪"的项目，在"项目"面板中导入"男孩思考.mp4""北京.mp4""西安.mp4""云南.mp4""西藏.mp4""上海.mp4""左上.png""左下.png""右上.png""右下.png""下.png"以及背景音乐和音效素材。将"男孩思考.mp4"拖入"时间轴"面板，并使之位于V1轨道，此时系统会自动建立一个与此素材比例相同的序列。

（2）将"北京.mp4"拖至V2轨道、"左上.png"拖至V3轨道，使这两段素材的起始端均与时间刻度00:00:02:00对齐，末端与V1轨道上素材的末端对齐，如图 6-30所示。此时"节目"面板中的预览画面如图 6-31所示。

图 6-30

 提示

当添加的素材原始时长短于V1轨道上的素材时，如果加入的素材为图片，可直接拉动该素材末端使之与V1轨道上素材末端对齐；如果加入的素材为视频，则可长按工具栏中的"波纹编辑工具"按钮 ，在弹出的浮窗中单击"比特率拉伸工具"按钮 ，然后拉动此素材末端，使其与V1轨道上素材末端对齐。

图 6-31

（3）在"时间轴"面板中单击V2轨道上的素材"北京.mp4"，在"效果控件"面板中调整此素材的位置和缩放大小，使此素材在"节目"面板中位于左上框内，如图6-32所示。

图 6-32

（4）在"效果控件"面板中单击"不透明度"选项中的"自由绘制贝塞尔曲线"按钮，如图 6-33所示。调出绘制蒙版的钢笔工具，在"节目"面板的预览画面中，沿"左上.png"的边缘绘制蒙版路径，并闭合路径，此时左上边框外多余的部分将会消失，如图6-34所示。

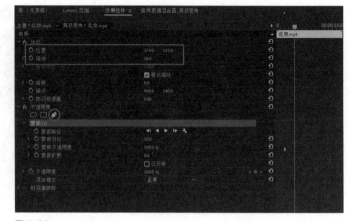

图 6-33

图 6-34

（5）执行"文件"|"新建"|"旧版标题"命令，输入城市名称，制作花字效果，制作完成后，"项目"面板将出现花字素材"字幕01"。将"字幕01"拖入"时间轴"面板V4轨道，调整此素材的长度和位置，使之与V2、V3轨道上的素材对齐。

（6）打开"效果控件"面板，调整"运动"选项中"位置"右侧的数值，将花字移动至左上框的中心位置，如图 6-35所示。

图 6-35

（7）在"时间轴"面板中长按左键，同时框选V2、V3、V4轨道上的素材，单击右键，选择"嵌套"选项，建立嵌套序列。在弹出的名为"嵌套序列名称"的对话框中，将此嵌套序列命名为"北京"。此时，嵌套序列"北京"位于V2轨道，如图 6-36 所示。

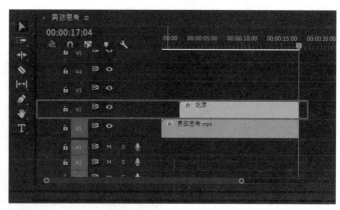

图 6-36

（8）采用同样的方法制作另外4个城市的嵌套序列，使它们分别位于V3、V4、V5、V6轨道，并使每个序列的起始端相隔大约2秒。制作完毕后，"时间轴"面板中的素材排列如图 6-37所示，"节目"面板中的预览画面如图 6-38所示。

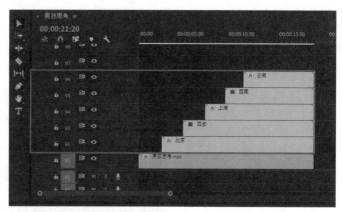

图 6-37

图 6-38

可以在每段嵌套序列的开头打上
两个关键帧，如图 6-39所示。在
第一个关键帧处，将嵌套序列的
素材整体移出画框外，这样可以
为嵌套序列添加移动入场动画。

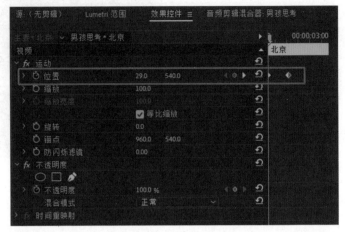

图 6-39

（9）长按Alt键的同时在
"节目"面板中将"字幕01"
拖入"时间轴"面板，系统会
对此素材进行复制，并在"时
间轴"面板中生成名为"字幕
01 复制05"的复制素材。在
"时间轴"面板中双击此复制
素材，在弹出的"旧版标题"
对话框中将其中文字修改为
"暑假去哪儿玩？"。然后在
"效果控件"面板中对此素材
的位置和缩放大小进行调整，
使该素材在"节目"面板中位
于画面上方，如图 6-40所示。

图 6-40

（10）打开"效果"面
板，在文字输入框中输入"圆划
像"进行检索，把"圆划像"效
果拖动到"字幕01 复制05"的
开始和结尾处，使之入场出场更
加顺滑，如图 6-41所示。

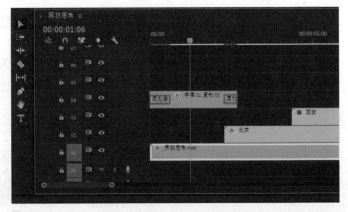

图 6-41

（11）添加音效素材，使每一段素材出现时都有对应的音效，并为视频整体添加背景音乐。操作完毕后，"时间轴"面板中的素材排布如图 6-42 所示。

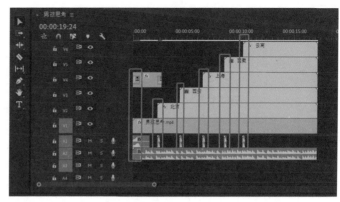

图 6-42

笔记小结

1. 导入主素材，将一段城市视频素材和边框素材分别添加至V2、V3轨道。

2. 调整V2轨道上城市素材的位置和缩放大小，使之位于边框素材中央，并沿边框素材建立蒙版路径。

3. 新建旧版标题，制作花字效果。将花字放置在边框素材的中央。

4. 在"时间轴"面板同时选中城市、边框和花字，单击右键，选择"嵌套"选项，建立嵌套序列。

5. 制作主题花字，并为视频配上音效和背景音乐。

黑影描边

综艺《快乐再出发》中，当节目中的成员玩猜歌名游戏时，画面中出现了黑影描边的效果。在综艺剪辑中，此种效果通常被用来制造悬念，引发观众的好奇心和探索欲。在玩与猜测相关的游戏时，就可以使用此种效果，如图 6-43所示。

图 6-43

下面将对如何使用Premiere Pro制作黑影描边效果进行说明。注意，在操作过程中，还会使用图形编辑软件Photoshop处理素材。

（1）启动Premiere Pro软件，新建一个名称为"黑影描边"的项目，在"项目"面板中导入"情侣素材.mp4"以及背景音乐和音效素材。将"情侣素材.mp4"拖入"时间轴"面板，并使之位于V1轨道，此时系统会自动建立一个与此素材比例相同的序列。

（2）将预览轴移至V1轨道素材的最后一帧，单击"导出帧"按钮 ，如图 6-44所示。在弹出的"导出帧"对话框中修改名称为"情侣.jpg"，选择格式为"JPEG"，单击"浏览"按钮设置储存路径，如图 6-45所示。操作完毕后，单击"确定"按钮，导出此帧画面。

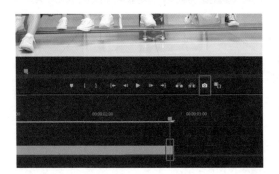

图 6-44

图 6-45

提示

单击"导出帧"按钮 ，可以将"节目"面板当前的一帧画面作为静止图片导出。

（3）启动Photoshop软件，把刚才导出的"情侣jpg.jpg"拖入Photoshop中。在工具栏中单击"钢笔工具"按钮 ，在工作区画面中沿人物边缘打上锚点，并使锚点路径闭合。然后使用快捷键Ctrl+Enter，此时蒙版路径变为虚线选框，表示人物已抠出，如图 6-46所示。

图 6-46

在工具栏中，长按"钢笔工具"按钮 🖋，可以选择更多类型的钢笔工具，可以根据需求选择合适的钢笔工具进行抠像。

（4）使用快捷键Ctrl＋J复制选框中的图像，图层面板中出现名为"图层1"的图层。单击"背景"图层前的"眼睛"按钮 👁，关闭背景图层，如图 6-47所示。此时工作区的画面如图 6-48所示。

图 6-47

图 6-48

（5）执行"文件"|"导出"|"快速导出为PNG"命令，将此图层命名为"有色"，以PNG格式导出。

（6）在图层面板中双击"图层1"的缩略图，在弹出的"图层样式"对话框中，单击"描边"前的复选框，将"颜色"设置为白色，并调节"大小"数值（一般为8~12像素），将"位置"设置为"外部"如图 6-49所示。

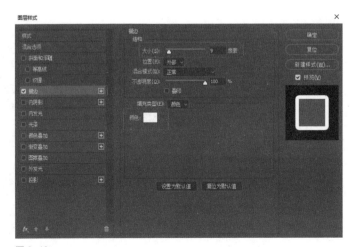

图 6-49

（7）单击"颜色叠加"前的复选框，将"颜色"设置为黑色，如图 6-50所示。设置完毕后，单击"确定"按钮，保存效果。此时工作区的画面如图 6-51所示。

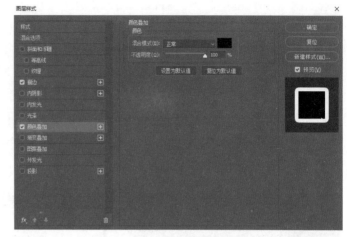

图 6-50

（8）执行"文件"|"导出"|"快速导出为PNG"命令，将此图层命名为"黑影"，以PNG格式导出。

（9）回到Premiere Pro软件，在"项目"面板中导入"情侣jpg.jpg""有色.png""黑影.png"。将"情侣jpg.jpg"拖动至V1轨道，并使之紧接"情侣素材.mp4"；将"有色.png"拖入V2轨道，并使其起始端与"情侣jpg.jpg"起始端对齐，将"黑影.png"拖入V2轨道，使之紧接"有色.png"。打开"效果"面板，搜索"交叉溶解"，将效果"交叉溶解"拖入V2轨道中"有色.png"和"黑影.png"中间，如图 6-52所示，实现淡入淡出过渡。

图 6-51

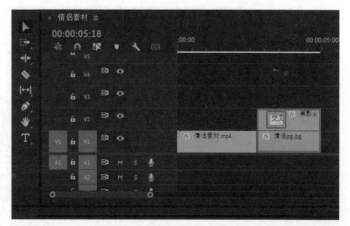

图 6-52

（10）执行"文件"|"新建"|"旧版标题"命令，在人物的上方输入主标题"神秘的轮廓"，制作花字效果。制作完成后，"项目"面板中将生成素材"字幕01"。将"字幕01"拖入"时间轴"面板V3轨道，使之位于V2轨道素材上方，并使其末端与V2轨道"黑影.png"末端对齐，打开"效果"面板，搜索"交叉溶解"，将效果"交叉溶解"添加至此素材起始处，如图6-53所示。

图 6-53

（11）长按Alt键同时移动鼠标将"字幕01"向上移动至上层轨道，在V4、V5、V6、V7、V8和V9轨道上建立分别复制素材。调整每段复制素材的长度，使各起始端之间都间隔一段距离，如图 6-54所示。

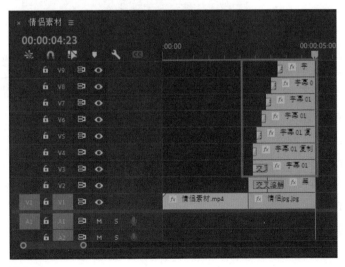

图 6-54

（12）依次双击这些文字素材，将文字修改为"谁""是""真""情""侣""？"，如图6-55所示。

图 6-55

（13）将音效"亮晶晶.mp3"拖入"时间轴"面板A1轨道，使之与字幕素材对齐。将背景音乐素材拖入A2轨道，调整素材长度，如图 6-56所示。黑影描边效果制作完毕。

图 6-56

笔记小结

1. 在Premiere Pro中导入主素材，将预览轴移至主素材最后一帧，单击"导出帧"按钮 📷，将其以JPEG格式导出。

2. 在Photoshop中打开导出的图片，对其中人物进行抠图，将抠出的人像以PNG格式导出。

3. 为抠出的人像添加黑影描边效果，制作完毕后，以PNG格式导出。

4. 将处理完毕的图片素材导入Premiere Pro，添加过渡效果。

5. 新建旧版标题，制作花字效果。在字幕素材前添加过渡效果，使字幕逐一浮现。

6. 为视频添加音效和背景音乐。

追光效果

追光效果可以使观众快
速聚焦于画面主角，当想要突
出画面中的某个人物或物件
时，就可以使用此效果，如图
6-57所示。在综艺《快乐再
出发》中，在某位嘉宾锯木头
时，画面中的光束聚焦于他，
观众的目光也随之注意到他的
动作。

图 6-57

下面将对如何使用Premiere Pro制作追光效果进行说明。

（1）启动Premiere Pro软件，新建一个名称为"追光效果"的项目，在"项目"面板中导入
"讲解.mp4"以及背景音乐和音效。将"讲解.mp4"拖入"时间轴"面板，并使之位于V1轨道，
此时系统会自动建立一个与此素材比例相同的序列。

（2）单击V1轨道上的素材，打开"Lumetri"颜色面板，单击其中任意参数标尺上的滑块，
此时"效果控件"面板中将出现"Lumetri颜色"选项。在"效果控件"面板里单击"Lumetri颜
色"选项中的"自由绘制贝塞尔曲线"按钮 ✐，如图 6-58所示，调出绘制蒙版路径的钢笔工具。
在"节目"面板的预览画面中，围绕绘制需要追光效果的主体绘制蒙版路径，使蒙版路径呈光束形
状，如图 6-59所示。将时间轴移动至素材起始端，在"效果控件"面板里单击"Lumetri颜色"选
项中"蒙版路径"前的"切换动画"按钮 ⏱，在此处打上一个关键帧。

图 6-58

图 6-59

（3）在"效果控件"面板中单击"已反转"前方的复选框，如图 6-60所示。这样使得在后续操作中，对画面颜色的调节将作用于蒙版路径外部。

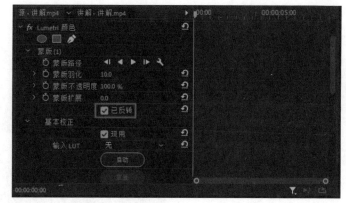

图 6-60

（4）向下滑动鼠标找到"曝光"选项，单击"曝光"前的"切换动画"按钮 ，在此处打上一个关键帧。将预览轴向右移动约1秒，然后将曝光值调节为负数（-3~-4），系统将在当前位置自动打上关键帧，如图 6-61所示。此时"节目"面板中的画面如图 6-62所示。主体人物渐渐变亮的效果制作完毕。

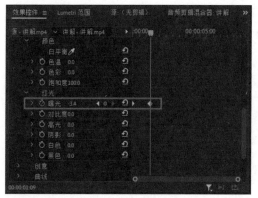

图 6-61

图 6-62

"曝光"控制着画面的曝光度。当曝光值为正数时，曝光度增加，画面亮度增强；当曝光值为负数时，曝光度减少，画面亮度减弱。此处通过降低周围画面的曝光度，凸显主体人物。

（5）在"效果控件"面板中单击"蒙版路径"选项，向右移动预览轴，此时"节目"面板中的预览画面将随预览轴移动而发生变化。随着主体人物位置的变化，移动蒙版路径的位置，使人物始终位于蒙版区域里，此时系统会随着蒙版位置的变化自动在相应的位置打上关键帧，如图 6-63所示。

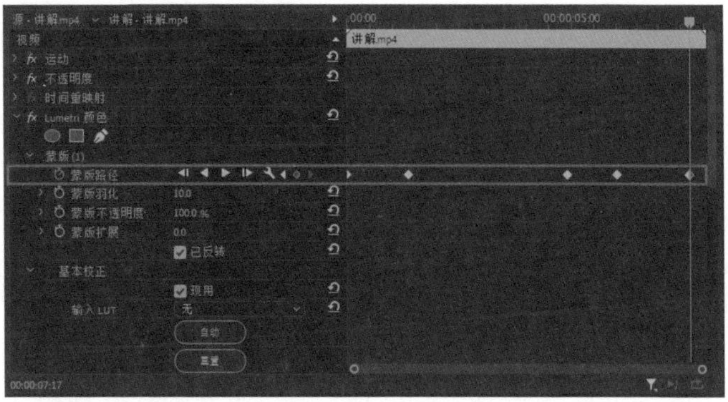

图 6-63

（6）执行"文件"|"新建"|"旧版标题"命令，输入文字，制作花字效果。制作完成后，"项目"面板中将生成素材"字幕01"。将"字幕01"拖入"时间轴"面板V3轨道，使之与V1轨道素材对齐。打开"效果"面板，搜索"Push"，将效果"Push"添加至"字幕01"起始端，为字幕添加入场效果。最后加上背景音乐，如图 6-64所示。至此，追光效果制作完毕。

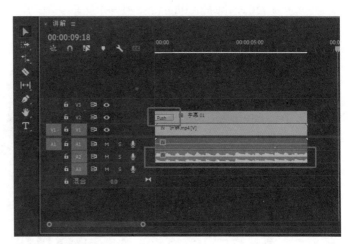

图 6-64

笔记小结

1. 导入素材，打开"Lumetri颜色"面板，单击任意参数的滑块，将"Lumetri颜色"添加至"效果控件"面板。

2. 单击"效果控件"面板中"Lumetri颜色"选项中的"自由绘制贝塞尔曲线"按钮 ，绘制蒙版路径。

3. 勾选"已反转"复选框，调整曝光值，凸显主体人物。

4. 随主体人物位置的变化移动蒙版路径的位置，使人物始终位于蒙版区域里，制作追光动画效果。

5. 为视频添加音效和背景音乐。

使用剪映为Vlog制作趣味综艺效果

剪映的功能虽然没有Premiere Pro那么完备，但已经能够满足绝大部分剪辑需求。在登录账户后，用户还能将剪辑项目上传至云端，随时可以将项目下载下来，在不同客户端进行编辑修改。

本节将结合具体案例，对如何使用剪映专业版为Vlog添加三屏开场、拔河出字、地图放大镜、人物定格这4种趣味综艺效果分别进行拆解说明。

三屏开场

三屏开场常见于旅游Vlog的片头。在一个画面中以三分屏的形式展现视频中将会出现的内容，既使画面显得美观、有趣，还能在给予观众视频概览的同时，激发观众的好奇心，如图 6-65 所示。

图 6-65

下面将对如何使用剪映专业版制作三屏开场效果进行说明。

（1）启动剪映专业版软件，单击"开始创作"按钮■，在"媒体"面板中导入"海滩1.mp4""海滩2.mp4"和"海滩3.mp4"。接着把素材依次拖入剪辑区的主视频轨道，此时系统会自动建立一个与素材比例相同的序列。

（2）在剪辑区中单击"海滩1.mp4"，在属性栏中单击"画面"中的"蒙版"选项，选择"镜面"蒙版，如图 6-66所示。

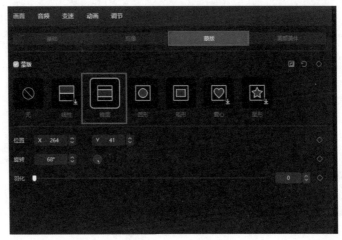

图 6-66

（3）在"播放器"面板的预览画面中，长按"旋转"按钮 ◎，将蒙版选框旋转至合适角度，如图 6-67所示。在属性栏中单击"画面"下的"基础"选项切换面板，将此素材移至画框中央，如图 6-68所示。

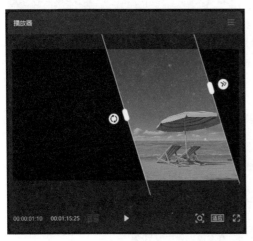

图 6-67

图 6-68

（4）在剪辑区依次将"海滩2.mp4"和"海滩3.mp4"移动至主视频轨道上层，调整这两段素材的长度和位置，使它们与主视频轨道上的素材对齐，如图 6-69所示。

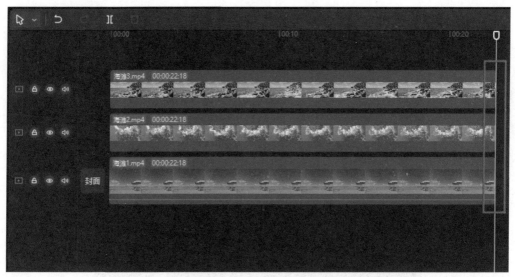

图 6-69

（5）采用同样的方式，分别为"海滩2.mp4"和"海滩3.mp4"加上镜面蒙版，使这两段素材画面分别位于画框两侧，如图6-70所示。

图 6-70

（6）在剪辑区单击"海滩1.mp4"，在属性栏中单击"动画"中的"入场"选项，单击"轻微放大"，如图 6-71所示，为此素材添加入场动画。采用同样的方法为"海滩2.mp4"添加入场动画"向左滑动"、为"海滩3.mp4"添加入场动画"向右滑动"。

图 6-71

（7）在素材栏中单击"文本"按钮TI，在左侧单击"文字模板"选项，选择一个文字模板，如图 6-72所示。

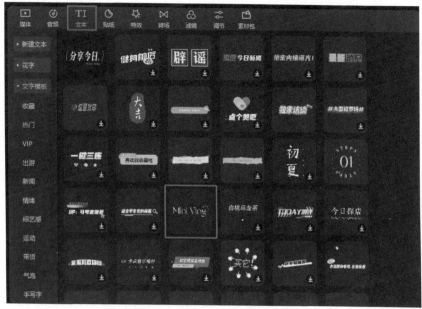

图 6-72

（8）将文字模板拖动至剪辑区。在属性栏中修改文字内容，并调整文字的位置和缩放大小，如图 6-73所示。

图 6-73

（9）在素材栏中单击"音频"按钮 ，在左侧菜单栏中单击"音乐素材"，在"旅行"分类中选择一首合适的音乐，如图6-74所示，将音乐素材添加至剪辑区。

图6-74

（10）在属性栏中调节音乐素材的"淡入时长"和"淡出时长"数值，为音乐添加淡入淡出效果。也可以直接在剪辑区中拖动音乐素材起始端和末端的圆形滑块，如图6-75所示。至此，三屏开场效果制作完毕。

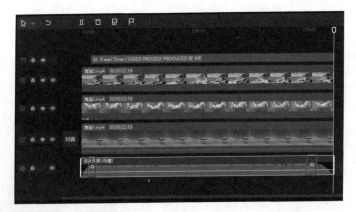

图6-75

笔记小结

1. 导入三段素材，为每段素材添加"镜面"蒙版，制作三分屏效果。

2. 给三段素材加上入场动画。

3. 为视频添加文字和背景音乐。

拔河出字

大部分Vlog视频都有一个主题，为了使观众迅速了解视频主题，主题文字通常都出现在视频的开头。那么如何让主题文字的出现更具趣味呢？此时可以考虑制作拔河出字效果，如图 6-76 所示。

图 6-76

下面将对如何使用剪映专业版制作拔河出字效果进行说明。

（1）启动剪映专业版软件，单击"开始创作"按钮 ，在"媒体"面板中导入"背景.jpg"。接着把"背景.jpg"拖入剪辑区的主视频轨道，此时系统会自动建立一个与此素材比例相同的序列。

（2）单击"播放器"面板下方的"适应"按钮，将视频比例设置为16：9，如图 6-77所示。在"播放器"面板的预览画面中调节背景图片的缩放大小，使之铺满整个画面。

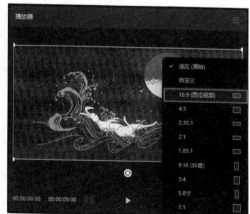

图 6-77

（3）在素材栏中单击"贴纸"按钮 ⏺。在文字输入框中输入"拔河"进行检索，选择一个合适的贴纸素材，如图 6-78所示。将此贴纸素材添加至剪辑区，使之与主视频轨道上的素材等长。

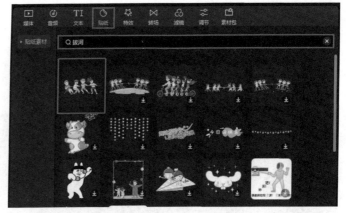

图 6-78

（4）在素材栏中单击"文本"按钮 TI，在左侧菜单中单击"花字"选项。选择一个与画面匹配的花字效果添加至剪辑区，在属性栏中将花字内容修改为视频主题（如Daily Vlog），并修改文字字体，如图 6-79所示。调整文字的位置和缩放大小使文字处于画面中合适的位置。

图 6-79

（5）将预览轴移动至轨道起始端。在"播放器"面板中，将花字素材向右移出画框，将拔河贴纸移动至画面右侧，如图 6-80所示。在属性栏中单击"位置大小"右侧的"添加关键帧"按钮 ⬦，如图6-81所示，分别为这两个素材打上关键帧。

图 6-80

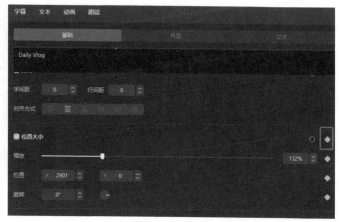

图 6-81

（6）将预览轴移动至时间刻度00:02—00:03之间的位置。在"播放器"面板的预览画面中，将花字移动至画面中央，将拔河贴纸移动至花字左侧，如图 6-82所示，系统将会自动打上关键帧。

图 6-82

（7）单击素材栏中的"音频"按钮 ⏱，在左侧单击"音效素材"选项，在文字输入框中输入关键词"蜡笔小新"进行检索，找到"蜡笔小新片头报幕曲"，如图 6-83所示。

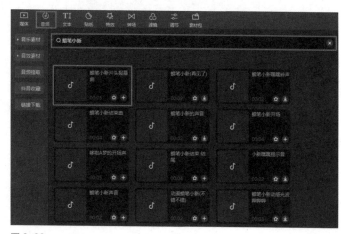

图 6-83

（8）将此音效添加至剪辑区，调整音效时长使之与主视频轨道素材对齐，如图6-84所示。至此拔河出字效果制作完毕。

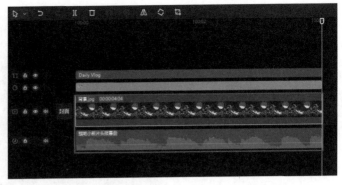

图 6-84

笔记小结

1. 导入背景图片、制作主题花字、添加拔河贴纸。

2. 给主题花字和拔河贴纸添加关键帧，制作拔河出字效果。

3. 为视频添加合适音效。

地图放大镜

在制作出游Vlog，查找旅游目的地时，可以制作地图放大镜效果提升视频趣味性，如图 6-85 所示。这种效果还可以用在寻找人物或丢失物的视频画面中。

图 6-85

下面将对如何使用剪映专业版制作地图放大镜效果进行说明。

（1）启动剪映专业版软件，单击"开始创作"按钮■，在"媒体"面板中导入"地图.jpg"。接着把"地图.jpg"拖入剪辑区的主视频轨道，此时系统会自动建立一个与此素材比例相同的序列。

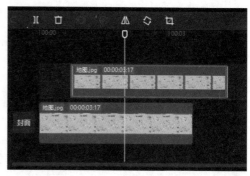

图 6-86

（2）在剪辑区单击"地图.jpg"，使用快捷键Ctrl+C复制此素材，然后使用快捷Ctrl+V将复制素材粘贴至剪辑区，并使之位于主视频轨道上方，如图 6-86所示。

（3）在剪辑区中单击主视频轨道上的素材，在属性栏中单击"调节"选项切换面板，调节"亮度"标尺上的滑块，使"亮度"数值在-15~-13，如图 6-87所示；在剪辑区单击复制素材，在属性栏中调节"亮度"标尺上的滑块，使亮度数值在4~6，如图 6-88所示。

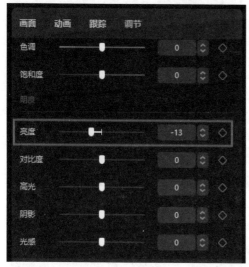

图 6-87

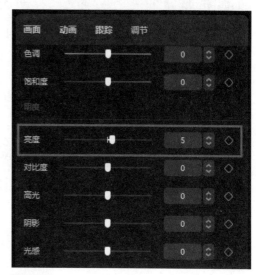

图 6-88

对亮度数值的调节，应视素材的具体情况而定。

（4）在剪辑区调节复制素材的位置，使之与主视频轨道上的素材对齐，如图 6-89所示。

（5）在剪辑区单击复制素材，在属性栏中单击"画面"选项切换面板，单击"基础"选项，调节"缩放"标尺上的滑块，视情况将缩放数值设置为114%~118%，如图 6-90所示。

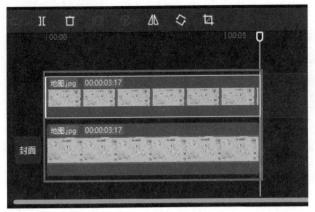

图 6-89

图 6-90

（6）单击"蒙版"选项切换面板，选择圆形蒙版。此时在"播放器"面板的预览画面中将会出现圆形蒙版选框，选框中的画面略大、且亮于周围画面，如图 6-91 所示。

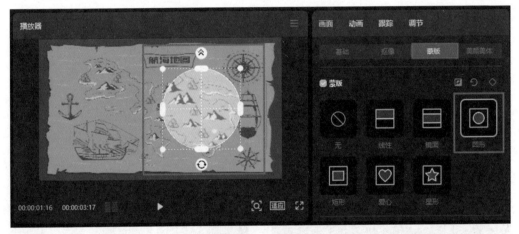

图 6-91

（7）将预览轴移动至轨道起始端，在属性栏中单击"蒙版"右侧的"添加关键帧"按钮◇，如图 6-92 所示，在此处打上一个关键帧。

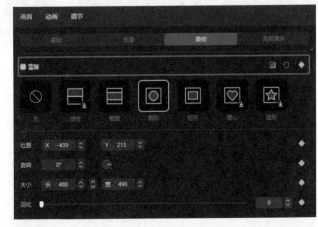

图 6-92

（8）接着向右移动关键帧至合适位置，同时在"播放器"面板的预览画面中调节蒙版选框的位置，在蒙版选框发生变化的时候，系统会自动打上关键帧，如图 6-93 所示。此时复制素材上被打上了 5 个关键帧，形成蒙版的移动路径。

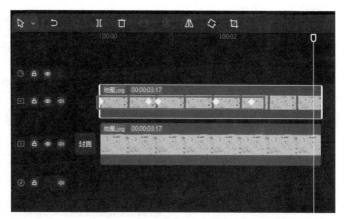

图 6-93

（9）在素材栏中单击"贴纸"按钮🌐，搜索"放大镜"，选择合适的贴纸，并将之添加至剪辑区。调整素材长度，使之与主视频轨道素材的长度相等。

（10）在"播放器"面板的预览画面中调整贴纸素材的位置和大小，使蒙版区域位于放大镜的镜片中，如图 6-94 所示。此时画面较亮的部分就像是被放大镜放大了。

图 6-94

（11）在属性栏中单击"位置大小"右侧的"添加关键帧"按钮◙，为贴纸素材打上关键帧。移动预览轴，并在"播放器"面板中随着蒙版区域的移动调整放大镜的位置，使蒙版区域始终位于放大镜镜片中。此时系统将自动为贴纸素材打上关键帧，如图 6-95 所示。

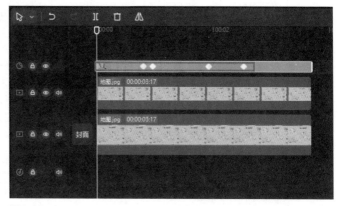

图 6-95

（12）在素材栏中单击"音频"按钮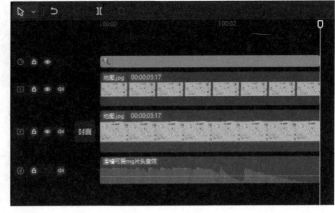，选择合适的音乐或音效，将之添加至剪辑区，如图 6-96所示。至此，地图放大镜效果制作完毕。

图 6-96

笔记小结

1. 导入地图素材，复制一份，并使复制素材位于主视频轨道的上层。

2. 降低主视频轨道素材的亮度，提高复制素材的亮度。

3. 略微放大复制素材，并为此素材添加圆形蒙版、使用关键帧制作蒙版移动效果。

4. 添加放大镜贴纸，使用关键帧制作移动效果，使之跟随蒙版区域一同变化。

5. 为视频添加合适的音效或音乐。

人物定格

在很多综艺中，经常会在做人物出场介绍时，使用画面定格效果突出人物，如图 6-97所示。此效果不仅能够突出人物，在定格的画面中，配以相应的介绍文字，还能使观众有时间了解出场人物的基本信息。

图 6-97

　　下面将对如何使用剪映专业版制作人物定格效果进行说明。注意，在操作过程中，还会使用图形编辑软件Photoshop处理素材。

　　（1）启动剪映专业版软件，单击"开始创作"按钮◉，在"媒体"面板中导入"人物.mp4"和"水墨.png"。接着把"人物.mp4"拖入剪辑区的主视频轨道，此时系统会自动建立一个与此素材比例相同的序列。

　　（2）在剪辑区将预览轴移动至人物转身面对镜头的位置，单击工具栏中的"定格"按钮▣，如图 6-98所示。此时素材将从预览轴位置分成两段，且这两段间出现一段时长为3秒的定格画面。

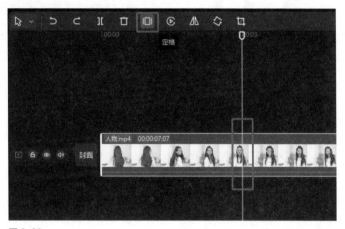

图 6-98

　　（3）单击被分割出来的第二段"人物.mp4"，如图 6-99所示，然后在工具栏中单击"删除"按钮▣，将之删除。

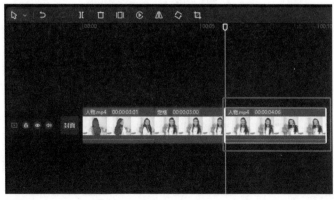

图 6-99

（4）将预览轴移动至定格画面，单击"播放器"面板右侧的按钮▇，选择"导出静帧画面"选项，如图 6-100所示。在弹出的"导出静帧画面"对话框中，将图片名称修改为"人物"，确认导出路径，并将导出格式设置为JPEG，如图 6-101所示。单击"导出"按钮，导出静帧画面。

图 6-100

图 6-101

（5）在Photoshop中打开保存的静帧画面，在工具栏中单击"钢笔工具"按钮▨，在工作区画面中沿人物边缘打上锚点，并使锚点路径闭合。然后使用快捷键Ctrl＋Enter，此时蒙版路径变为虚线选框，表示人物已抠出，如图 6-102所示。

图 6-102

（6）使用快捷键Ctrl＋J复制选框中的图像，图层面板中出现名为"图层1"的图层。在图层面板中双击"图层1"的缩略图，在弹出的"图层样式"对话框中单击"描边"前的复选框，将"颜色"设置为白色，并调节"大小"数值（一般为8~12像素），再将"位置"设置为"外部"如图 6-103所示。

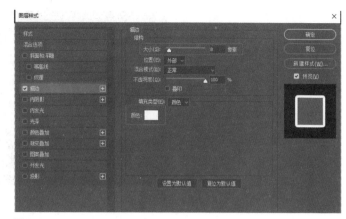

图 6-103

（7）在图层面板中单击"背景"图层前的"眼睛"按钮 👁，关闭背景图层。执行"文件"|"导出"|"快速导出为PNG"命令，将此图层命名为"抠像"，以PNG格式导出。

（8）返回剪映专业版，在"媒体"面板中导入"抠像.png"，将"抠像.png"添加至剪辑区，使之位于定格画面上方。

（9）在素材栏中单击"滤镜"按钮 🎨，在左侧菜单栏中单击"黑白"选项，在此分类中选择滤镜"黑金"，为定格画面添加此滤镜；在素材栏中单击"特效"按钮 ✨，在左侧菜单栏中单击"画面特效"，单击"基础"选项，在此分类中选择特效"斜向模糊"，为定格画面添加此特效。操作完毕后，剪辑区如图 6-104所示，"播放器"面板中的预览画面如图 6-105所示。此时，除了人物，周围的场景已经变暗变模糊了。

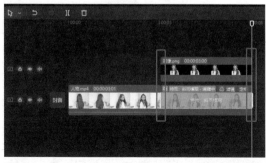

图 6-104

图 6-105

（10）将"水墨.png"添加至剪辑区，使之位于主视频轨道上层，并与定格画面对齐。在"播放器"面板的预览画面中调节此素材的位置和缩放大小，在属性栏中将此素材的层级设置为1，使画面中的人物不被遮挡，如图 6-106所示。

图 6-106

（11）在素材栏中单击"文本"按钮Ⅱ，在左侧单击"花字"选项，将一个合适的花字效果添加至剪辑区，并使之与定格画面对齐，如图6-107所示。在属性栏中修改文本内容，如"小甜心 Sweet Heart"，调整花字的缩放大小，并将其移动至人物左侧，如图 6-108所示。

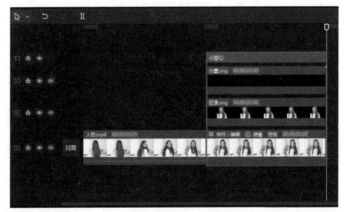

图 6-107

图 6-108

（12）在剪辑区中单击
"抠像.png"，在属性栏中
单击"画面"选项，选择"入
场"选项，为此段素材添加入
场动画"轻微放大"，如图
6-109所示。按照同样的方法
为"水墨.png"添加入场动画
"缩小"，为花字素材添加入
场动画"向上弹入"。

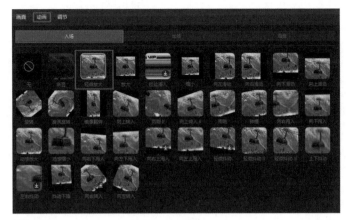

图 6-109

（13）在素材栏中单击
"音频"按钮 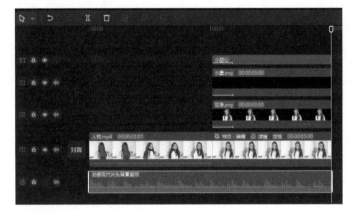，在左侧单击
"音效素材"选项，搜索"动
感现代片头背景音效"，将音
效素材添加至剪辑区，使之与
主视频轨道上的素材对齐，如
图 6-110所示。至此，人物
定格效果制作完毕。

图 6-110

笔记小结

1. 导入视频素材，创建定格画面。

2. 在定格画面处导出静帧画面。

3. 在Photoshop中对导出的静帧画面中的人物进行抠像，为其加上白色描边，并将抠像后的素
材以PNG格式导出。

4. 在剪映专业版中导入抠像素材。

5. 给定格画面加上黑白滤镜和模糊特效。

6. 导入水墨素材，新建花字。

7. 为抠像素材、水墨素材以及花字素材添加入场动画。

8. 为视频添加合适的声音素材。

第 7 章

综艺感花絮剪辑

● ● ●

在电影和电视剧拍摄的过程中，演员有时候会因为笑场等各种原因未拍摄通过，这些拍摄片段不会被放进正片，但其中一些有趣的片段有可能被片方制作成花絮，作为影片的宣传物料发布。很多时候，片方会将花絮制作的工作外包出去，因此对于新手剪辑师说，学会制作花絮，能够获得更多工作机会。

花絮并不等同于搞笑片段的拼接合集，在制作花絮时，同样需要使用技巧，才能使花絮更加有趣。本章将结合具体案例，对如何剪辑花絮进行说明。

综艺感花絮剪辑流程

　　在进行花絮剪辑前,剪辑师一般都不知道素材的具体内容,在与甲方对接完毕后,才会收到打包的素材文件。甲方提供的素材文件通常包含已经做了编号处理的视频素材以及一个说明性表格,如图7-1和图 7-2所示。甲方在表格中依照视频编号,简略说明视频内容,并对需要重点突出的部分做出标注。

1109A-0054.MP4　1109B-1328.MP4　1109A-0051.MP4　1109A-0052.MP4　1109A-0053.MP4　1109A-0049.MP4　1109A-0048.MP4

1109A-0047.MP4　1228B-6385.MP4　0117B-7815.MP4　1228C-0044.MP4　1228C-0025.MP4　0117B-7793.MP4　1228B-6383.MP4

0117C-0048.MP4　1228B-6368.MP4　0117C-0065.MP4　0117B-7814.MP4　0117B-7792.MP4　1228B-6367.MP4　0117C-0049.MP4

图 7-1

主题		
编号	内容	备注
0117B-7792、7793 0117C-0048、0049	A和B两人发生矛盾,本是A的过错,A却拍着胸膛不断叫嚣	一些围观的人指责A
0117B-7814	A让围观的众人散去	A的态度非常差
0117B-7815 0117C-0065	A惹怒了B,B开始追赶A	A慌忙逃窜
1228C-0044 1228B-6383	A跑着跑着,帽子掉了	
1228B-6385	A的围脖也掉了,A整理围脖	
1228B-6367 1228B-6368	B追赶上了A	A显得有些狼狈
1228C-0025	A向B道歉	两人矛盾解决

图 7-2

　　拿到素材文件,查看甲方的要求,然后就可以进行剪辑了。本节将对综艺感花絮的基本剪辑流程进行说明。

预览可用素材，搭建视频结构

有些甲方的制作要求较为详细，还会给出具体剪辑方案，这时候只需要参照甲方的要求进行剪辑就可以了；而有些甲方的要求较为简略，只提供了大致剪辑方向，这时候就需要剪辑师根据要求搭建基本框架，然后再开始剪辑。

在进行剪辑前，首先需要将所有视频素材导入剪辑软件中，按照编号依次放在同一个轨道里，如图 7-3所示。然后对照甲方要求，浏览素材。这一步的目的是了解素材，在剪辑要求和现有素材的基础上，形成基本的剪辑框架。

图 7-3

在搭建好视频框架之后，就可以着手处理素材了。

提取高亮镜头，删除多余画面

继续浏览视频素材，从中寻找比较有趣的"高亮镜头"，比如演员无意间做出的有趣"小动作"、露出的可爱或滑稽的表情、具有节目效果的意外失误等。找到这些镜头，并将它们分割提取出来，方便后续对它们进行包装制作，如图 7-4所示。然后删除余下片段中过于重复、冗长的镜头，避免使观众感到无聊。

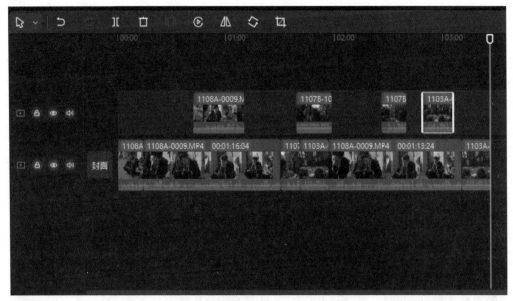

图7-4

制作片头、高光片段

　　精彩的片头能够抓住观众的视线，而突出的高光片段则能给观众留下深刻的印象。在进行花絮制作时，需要重点对这两个部分进行精细化处理，使所制作的花絮既能使观众提起兴趣，又能给观众留下深刻印象，这样才能有效发挥花絮的宣传作用。

丰富画面，添加音频

　　在搭建好视频框架完成粗剪，并完成片头和高光片段的制作之后，需要继续丰富视频的细节。播放视频，浏览画面，在合适的位置加上花字、贴纸或特效，使视频画面显得更加生动有趣。同时可以在画面切换、出现突发情况等位置，加上合适的音效，给观众提供印象深刻的视听体验。

  片头精细化制作

　　具有引导性、能够激发观众观看兴趣的片头，才能够第一时间留住观众。片头的形式多种多样，既有激发观众好奇心的悬念式片头，也有开门见山式的介绍性片头。本节将使用剪映专业版，对如何制作重点内容前置、创意人物介绍、复古回忆感片头、唱片机片头这4种片头效果进行说明。

重点内容前置

在制作片头时，可以将重点内容的爆点片段截取出来，组合放置在视频开头并配上疑问语句，如图 7-5所示。这样做能够集中事件的冲突点，渲染情绪氛围，瞬间吸引观众的目光，使观众对接下来的情节充满好奇。

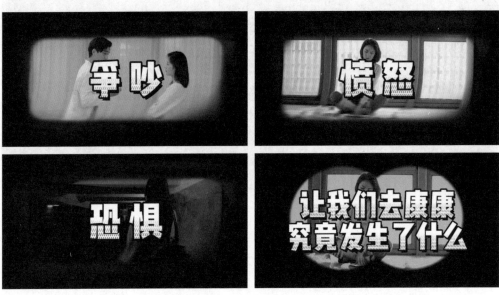

图7-5

下面将对如何制作重点内容前置片头进行说明。

（1）启动剪映专业版软件，单击"开始创作"按钮，在"媒体"面板中导入"争吵.mp4""愤怒.mp4"和"恐惧.mp4"。接着把素材依次拖入剪辑区的主视频轨道，此时系统会自动建立一个与此素材比例相同的序列。

（2）在素材栏中单击"文本"按钮TI，在左侧单击"新建文本"选项，将"默认文本"添加至剪辑区，然后在属性栏中输入文字内容"争吵"，将字体设置为"新青年体"，将字间距数值设置为4，然后在"播放器"面板中将文字放大，并使之位于画面中心位置，如图7-6所示。

图7-6

（3）然后单击"花字"选项切换面板，为文字选择一个合适的花字效果，如图 7-7 所示。

图 7-7

（4）在剪辑区中单击文字素材，使用快捷键Ctrl+C复制素材，然后使用快捷键Ctrl+V将素材粘贴至剪辑区，操作3次，此时剪辑区将会出现4段文字素材。将后3段文字素材的内容分别修改为

"愤怒""恐惧""让我们去康康究竟发生了什么"，并使"愤怒"的起始端与第二段素材的起始端对齐，使"恐惧"的起始端与第三段素材的起始端对齐，使"让我们去康康究竟发生了什么"的起始端与第三段素材的末端对齐，如图7-8所示。

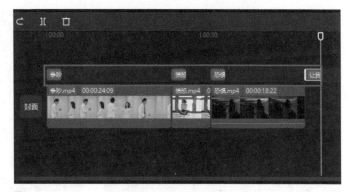

图 7-8

（5）在剪辑区单击第一段文字素材，然后在属性栏中单击"朗读"选项切换面板，选择其中一个声音，单击"开始朗读"按钮，如图 7-9 所示。此时，在剪辑区主视频轨道下方，与文字素材相对应的地方将会出现一段声音素材。采用相同的方式为余下的文字素材添加配音，操作完毕后，剪辑区的素材排布如图 7-10 所示。

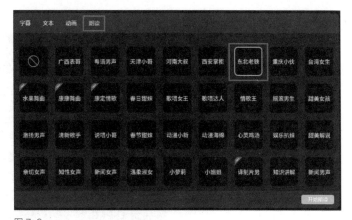

图 7-9

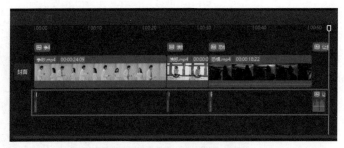

图 7-10

（6）在剪辑区对素材的长度进行调整，使每段视频素材都略长于相应的声音素材，并使前三段文字素材与相应的视频素材长度相等，如图 7-11所示。长按鼠标左键同时选中主视频轨道上的三段素材，使用快捷键Ctrl+C复制素材，然后使用快捷键Ctrl+V将复制的素材粘贴至主视频轨道原有素材的后方，调整三段复制素材的长度，使其整体与第四段声音素材对齐，如图 7-12所示。

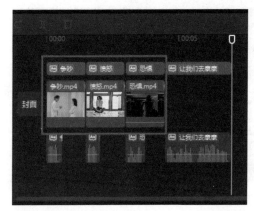

图 7-11

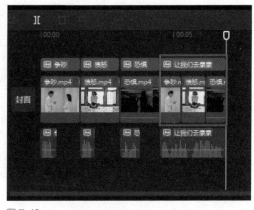

图 7-12

（7）在素材栏中单击"特效"按钮，在左侧单击"画面特效"，选择"边框"选项，在此分类中，将特效"怀旧边框"和"望远镜"添加至剪辑区。调整特效素材长度，使特效"怀旧边框"作用于主视频轨道上的前三段素材，使特效"望远镜"作用于主视频轨道上的后三段素材，如图 7-13所示。

图 7-13

（8）单击剪辑区中的文本素材，根据画面效果，对文字的位置、缩放大小以及间距进行微调，调节完毕后，效果如图 7-14 和图 7-15 所示。

图 7-14

图 7-15

（9）在素材栏中单击"音频"按钮，在左侧单击"音效素材"，搜索"恐怖音效"。选择素材试听后，将合适的音效添加至剪辑区，调整此素材的位置和长度，使之出现在第一段和第二段视频中，然后在属性栏中调节"淡出时长"，如图 7-16 所示。或在剪辑区中直接向左拖动音效素材末端的圆形滑块来进行调整，如图 7-17 所示。此时，该音效素材获得了淡出效果。

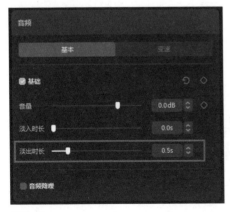

图 7-16

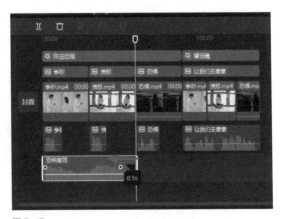

图 7-17

（10）按照相同的方法，为余下素材添加音效"惊恐-提示音"和"综艺恐怖悬疑声"，如图 7-18 所示。至此，重点内容前置片头制作完毕。

图 7-18

笔记小结

1. 导入前置片头素材，新建文本，制作花字效果。

2. 选择合适音色，朗读文本内容。

3. 添加画面特效"怀旧边框"和"望远镜"。

4. 为视频添加合适的音效素材。

创意人物介绍

　　花絮中有时还包含人物介绍，而平铺直叙式的人物介绍难以给人留下深刻印象，这时候可以观看各综艺中介绍嘉宾的片段，学习这些综艺是如何进行人物介绍的。比如在综艺节目《乘风破浪的姐姐第三季》中，在对某位嘉宾进行介绍时，采用的就是日常生活混剪加上后期配音，显得活泼又亲切。那么，在花絮制作的过程中，如果想要使视频更为轻松明快，就可以将之作为参考，制作出创意的人物介绍，如图 7-19所示。

图 7-19

下面将对如何制作创意人物介绍进行说明。

（1）启动剪映专业版软件，单击"开始创作"按钮◉，在"媒体"面板中导入"拍照.mp4"

和"介绍录音.m4a"。接着
把"拍照.mp4"拖入剪辑区
的主视频轨道，此时系统会
自动建立一个与此素材比例
相同的序列。然后将"介绍
录音.m4a"添加至剪辑区，
使之与视频素材对齐，如图
7-20所示。

图 7-20

（2）在素材栏中单击
"文本"按钮TI，在左侧菜单
栏中单击"智能字幕"，然后
单击"识别字幕"下的"开
始识别"按钮，如图 7-21所
示。识别完毕后，剪辑区将会
出现相应的字幕素材，如图
7-22所示。

图 7-21

提示

用于识别字幕的录音文件应尽量吐字清晰、准确，在
完成识别后，最好浏览一遍识别出的字幕，检查文字
有无错漏。

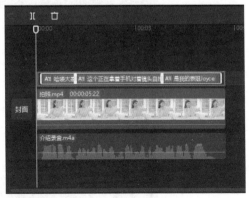

图 7-22

（3）在剪辑区中单击第一个字幕素材，在属性栏中单击勾选"文本、排列、气泡、花字应用到全部字幕"前的复选框，这样就可以同时修改所有字幕素材的各个设置。

（4）对字幕进行如下设置：将字体设置为"后现代体"；将字间距调整为2；单击"背景"前的复选框，并将不透明度数值调至50~60；单击"阴影"前的复选框，为文字添加黑色阴影，如图7-23至图 7-26所示。字幕效果如图 7-27所示。

图 7-23

图 7-24

图 7-25

图 7-26

图 7-27

（5）在素材栏中单击"特效"按钮，在左侧单击"画面特效"选项，在"边框"分类中单击"淡彩边框"，如图 7-28所示。将此特效添加至剪辑区，调整其长度，使之与主视频轨道上的素材对齐，如图 7-29所示。

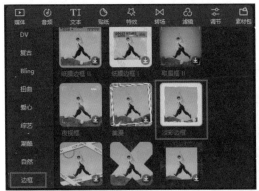

图 7-28

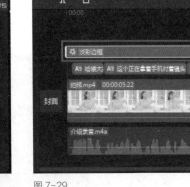

图 7-29

（6）根据特效"淡彩边框"的效果，调整主视频和字幕的位置和缩放大小，使它们与边框契合，如图 7-30所示。

图 7-30

（7）在素材栏中单击"音频"按钮，在左侧菜单栏中单击"音效素材"，为视频找到合适的音效，并设置淡出效果，如图 7-31所示。至此，创意人物介绍制作完毕。

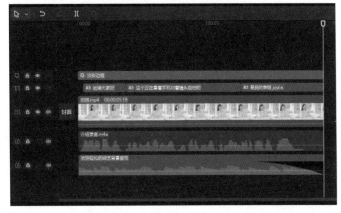

图 7-31

笔记小结

1. 导入视频素材和录音素材进行初步处理，使两者相互匹配。

2. 自动识别字幕，制作文字样式。

3. 添加特效和音频，丰富视听效果。

复古回忆感片头

如果素材中有较多与感怀、纪念等有关的内容，此时可以考虑制作一个具有复古回忆感的片头，将一些充满氛围感的画面像放映电影一样放置在片头，使它们快速闪过，如图 7-32所示。这样做不仅能够提升视频的质感，还能够调动观众的情绪，留有余味。

图 7-32

下面将对如何制作复古回忆感片头进行说明。

（1）启动剪映专业版软件，单击"开始创作"按钮■，在"媒体"面板中导入"情侣1.mp4""情侣2.mp4""情侣3.mp4""情侣4.mp4""情侣5.mp4""情侣6.mp4"和"回忆.mp3"。接着把所有视频素材依次拖入剪辑区的主视频轨道，此时系统会自动建立一个与此素材比例相同的序列。

（2）将音频"回忆.mp3"添加至剪辑区，单击主视频轨道上的第一段素材"情侣1.mp4"，在属性栏中单击"变速"切换面板。在"常规变速"选项卡中，将视频倍速调至10.0X左右，如图7-33所示。采用同样的方法处理余下的视频素材，使主视频轨道上的素材整体与音频素材对齐，如图 7-34所示。

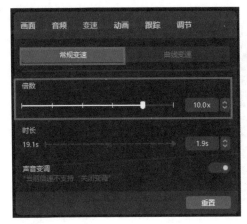

图 7-33

图 7-34

提示

每段素材的变速倍数不需要完全相同，不同速度的片段穿插在一起，能够产生更多变化，使视频更具节奏感。

（3）在素材栏中单击"特效"按钮，在左侧单击"画面特效"选项，在"复古"分类中找到特效"回忆胶片"，如图 7-35所示。将此素材添加至剪辑区，并使之应用于前三段素材，如图7-36所示。

图 7-35

图 7-36

（4）将特效"黑白胶片"添加至剪辑区，使之应用于第四和第五段素材；将特效"放映机"添加至剪辑区，使之应用于第六段素材；将特效"荧幕噪点"添加至剪辑区，使之应用于全部素材。操作完毕后，剪辑区的素材排布如图 7-37所示。

可以根据画面具体情况，单击剪辑区中的特效素材，然后在属性栏中调节素材参数。

图 7-37

（5）在素材栏中单击"音频"按钮⏻，在左侧单击"音效素材"，然后搜索"电视关机"音效。试听后，将合适的音效添加至剪辑区，并将之移动至视频末端，如图 7-38所示。至此，复古回忆感片头制作完毕。

图 7-38

笔记小结

1. 导入所有视频素材和音频素材，调节每段视频素材的长度，使视频素材整体上与音频素材相匹配。

2. 为各视频片段加上合适的复古特效，提升画面质感。

3. 在视频末端加上音效"电视关机"，以之结束视频，提醒观众回忆结束。

唱片机片头

在没有比较适用作片头的素材时，可以使用色彩图层和各种贴纸简单制作一个趣味片头。比如使用贴纸制作一个复古唱片机片头，如图 7-39所示。这样做既可以弥补素材缺失的不足，还能够发挥想象，制作出更多趣味效果。

值得注意的是，在拼接贴纸时，需要使片头风格与视频内容的风格保持一致。如果视频内容风格偏向复古怀旧，那么片头就不太适合使用潮流时尚的贴纸了。

图 7-39

下面将对如何制作唱片机片头进行说明。

（1）启动剪映专业版软件，单击"开始创作"按钮，在"媒体"面板中导入"红.jpg"和"白.jpg"。接着把"红.jpg"拖入剪辑区的主视频轨道，此时系统会自动建立一个与此素材比例相同的序列。

（2）在素材栏中单击"特效"按钮，在左侧单击"画面特效"选项，在"复古"分类中找到特效"电视纹理"，如图 7-40所示。将此特效添加至剪辑区的素材"红.jpg"中。

（3）在属性栏里调节特效素材的各项参数，将"扭曲"数值调为0，将"范围"调至60~65，将"纹理"数值调至20~25，如图 7-41所示。此时画面将会出现横向纹理，四周带有暗角。

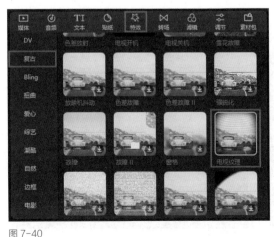

图 7-40

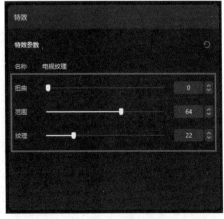

图 7-41

（4）将素材"白.jpg"添加至剪辑区，使之位于主视频轨道上方，并与主视频轨道中的素材对齐。在"播放器"面板的预览画面中调整"白.jpg"的缩放大小，使之略小于"红.jpg"即可。在属性栏中调整此素材的"不透明度"数值，使数值处于12%~16%，如图 7-42所示。调整完毕后，"播放器"面板中的画面如图 7-43所示。

图 7-42　　　　　　　　　　　　　　　　图 7-43

（5）在属性栏中单击"动画"切换面板，然后为此素材加上持续时长为0.5秒的入场动画"放大"，如图 7-44所示。

（6）在素材栏中单击"贴纸"按钮，在搜索框中分别输入"复古"和"音乐播放器"进行检索，找到如图 7-45和图 7-46所示的贴纸，并将它们都添加至剪辑区，使它们的起始端与素材"白.jpg"入场动画结束处对齐、末端与主视频素材末端对齐，如图 7-47所示。

图 7-44

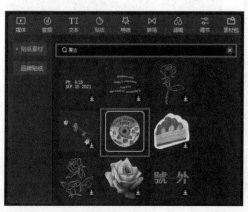

图 7-45

图 7-46

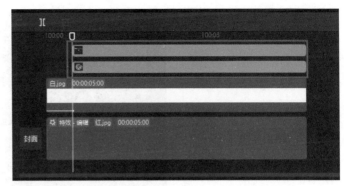

图 7-47

（7）在"播放器"面板的预览画面中调节贴纸素材的位置和缩放大小，使之位于画面左侧，如图 7-48所示。然后为贴纸"复古唱片"添加速度为3秒的循环动画"旋转"，为贴纸"音乐播放器面板"添加持续时长为1.5秒的入场动画"渐显"。

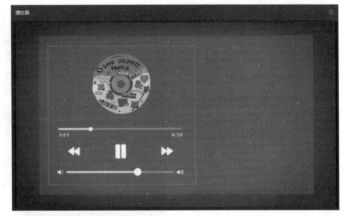

图 7-48

（8）在素材栏中单击"文本"按钮 TI，单击左侧的"新建文本"选项，将"默认文本"添加至剪辑区，使此素材的起始端位于贴纸"音乐播放器"动画结束处。

（9）在属性栏中输入文字内容，将字体设置为"大字报"，如图 7-49所示。然后单击"动画"选项切换面板，为文字加上持续时长为1秒左右的入场动画"随机打字机"，如图 7-50所示。

图 7-49

图 7-50

（10）使用快捷键Ctrl+C复制文字素材，然后使用快捷键Ctrl+V将复制的素材粘贴至剪辑区，并将复制的文字素材放置于原始文字素材上方，使其起始端位于原始文字素材动画结束处，末端与主视频轨道素材末端对齐，如图 7-51所示。在"播放器"面板的预览画面中调整两段文字素材的位置和缩放大小，使它们位于画面右侧，如图 7-52所示。

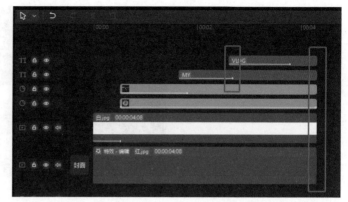

图 7-51

（11）在素材栏中单击"音频"按钮 ，选择合适的音乐并将之添加至剪辑区。至此，唱片机片头制作完毕。

图 7-52

笔记小结

1. 导入红色背景素材，为素材添加特效"电视纹理"，调整特效的参数数值。

2. 导入白色背景素材，调整此素材的缩放大小和不透明度，并为之添加入场动画。

3. 查找并添加贴纸"复古唱片"和"音乐播放器面板"效果，且为贴纸分别加上动画效果。

4. 添加文本，制作花字，并为文字加上入场动画。

5. 为视频添加合适的音乐、音效。

7.3 亮点片段制作

过于平铺直叙、缺乏起伏的视频冗长又无聊，容易使观众流失。在进行视频剪辑时，剪辑师需要整合素材，并找到素材中的亮点片段，采用各种方式赋予视频节奏变化，使视频显得富有趣味。本节将使用剪映专业版，对如何制作趣味二次创作、趣味抽帧效果、"鬼畜"重复、突出重点画面这4种亮点片段效果进行说明。

趣味二次创作

在没有参考文案的情况下，剪辑师需要充分发挥想象，在现有的素材中挑出可用的部分，依据素材内容，搭建起可能的情节框架，并为视频编写文案、添加各种素材，将原本杂乱无章的素材二次创作为有趣的视频，如图 7-53所示。

图 7-53

下面将对如何制作趣味二次创作视频进行说明。

（1）启动剪映专业版软件，单击"开始创作"按钮■，在"媒体"面板中导入"圣诞.mp4"。接着把"圣诞.mp4"拖入剪辑区的主视频轨道，此时系统会自动建立一个与此素材比例相同的序列。

（2）播放素材，浏览画面。从素材中提炼出主题关键词：两对情侣、圣诞节、拆礼物。依据关键词，编写说明文案：欢迎来到圣诞拆礼物现场，让我们期待一下，哪对情侣可以拆出超级大奖？

（3）在素材栏中单击"文本"按钮 TI，在左侧单击"新建文本"选项，将"默认文本"添加至剪辑区，在属性栏中输入说明文案。

（4）单击"朗读"选项切换面板，选择一个合适的音色朗读说明文案，如图 7-54 所示。此时剪辑区将会生成相应的音频素材。

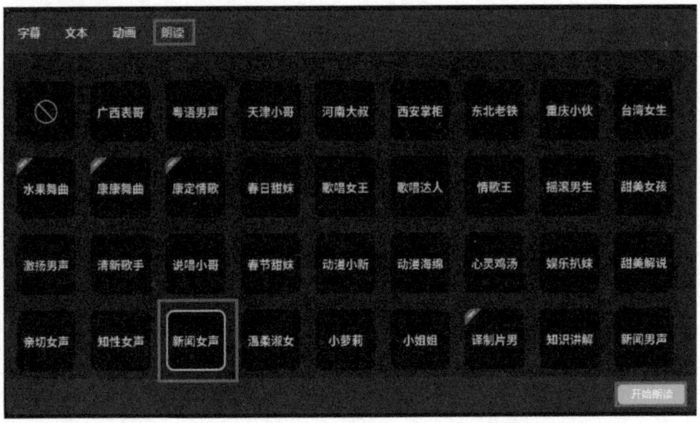

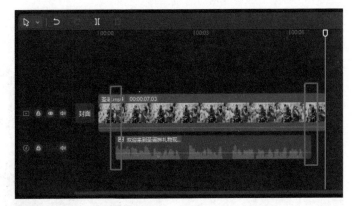

图 7-54

（5）在剪辑区将文字素材删除，调整音频素材的位置，使之与主视频轨道素材的中间部分对齐，如图 7-55 所示。

图 7-55

（6）在素材栏中单击"特效"按钮，在左侧单击"画面特效"选项，在"边框"分类中找到特效"美漫"，如图 7-56所示。将此特效添加至剪辑区，并调整其长度，使之与主视频轨道上的素材对齐。此时"播放器"面板中的预览画面如图 7-57 所示。

图 7-56

图 7-57

（7）在素材栏中单击"文本"按钮，在左侧单击"智能字幕"，然后单击"识别字幕"下的"开始识别"按钮。识别完毕后，剪辑区将会出现相应的字幕素材，如图7-58所示。

图 7-58

提示

以字幕形式出现的文字素材可以被批量编辑，这样可以提高剪辑效率。

（8）单击其中一段字幕素材，在属性栏中调节各项参数。可以将字体设置为"后现代体"，将"字号"数值调为6，如图 7-59所示；将"字间距"数值调为4，并轻微调整"旋转"数值，使文字与边框平行，如图 7-60所示；单击"背景"前的复选框，为文字添加黑色背景，并将"不透明度"数值调为70%，如图 7-61所示。设置完毕后，效果如图 7-62所示。

图 7-59

图 7-60

图 7-61

图 7-62

（9）在素材栏中单击"特效"按钮，继续为视频添加合适的特效丰富画面。比如，将"综艺"分类下的特效"赞赞赞"添加至第二段文字上方，效果如图 7-63所示；将"氛围"分类下的特效"节日彩带"添加至第三段文字上方，效果如图 7-64所示。此时剪辑区素材排布如图 7-65所示。

图 7-63

图 7-64

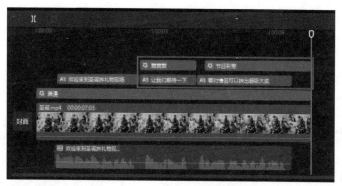

图 7-65

（10）在素材栏中单击"音频"按钮 ，选择合适的音乐并将之添加至剪辑区。比如将音效"拍照声（快门声）"添加至视频起始端；将音效"综艺咣当"添加至特效"赞赞赞"处；将音效"烟花声"添加至特效"节日彩带"处；为整个视频添加音效"可爱音效"，如图 7-66所示。至此，趣味二次创作效果制作完毕。

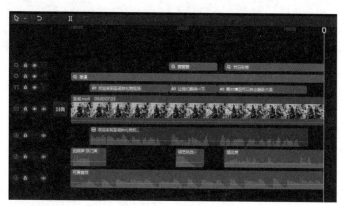

图 7-66

笔记小结

1. 播放素材，浏览画面，建立主要情节框架。

2. 输入文案，使用"朗读"功能为文案配音。

3. 自动识别朗读字幕，设置字幕样式。

4. 添加特效，丰富画面。

5. 为视频添加合适的音乐、音效。

趣味抽帧效果

　　在事态发展逐渐离奇，出现人物摔倒、打碎杯子、出现"翻车现场"等情节的时候，可以对这些自带节目效果的"突发事件"进行抽帧，以定格画面的形式实现时间凝固，拉长动作时间，以制作出趣味效果，如图 7-67所示。

图 7-67

　　下面将对如何制作趣味抽帧效果进行说明。

　　（1）启动剪映专业版软件，单击"开始创作"按钮◉，在"媒体"面板中导入"摔倒.mp4"。接着把"摔倒.mp4"拖入剪辑区的主视频轨道，此时系统会自动建立一个与此素材比例相同的序列。

　　（2）播放素材，浏览画面。将预览轴移动至小朋友摔倒处，单击工具栏中的"定格"按钮◉，此时预览轴停留处将会出现时长为3秒的定格画面，如图 7-68所示。将预览轴向后移动几帧，再次单击工具栏中的"定格"按钮◉，多重复此操作几次，主视频轨道上将出现几段小朋友摔倒过程的定格画面，如图 7-69所示。将两段定格画面中的多余片段删除，如图 7-70所示。

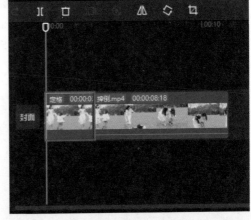

图 7-68

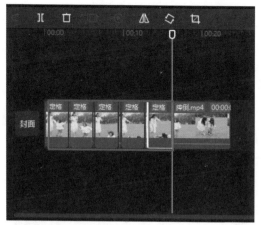

图 7-69

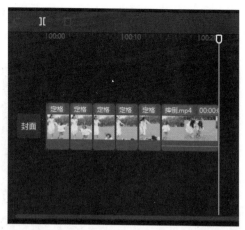

图 7-70

（3）在素材栏中单击"音频"按钮，在音乐素材库中选择一段节奏感较强的音乐，如《You Know I'll Go Get（抖音版）》，将之添加至剪辑区。播放音乐，按照卡点节奏调整定格画面的长度，如图 7-71所示。调节完毕后，调节音乐的"淡出时长"，为音乐添加淡出效果。

图 7-71

（4）在素材栏中单击"特效"按钮，在左侧单击"画面特效"选项，在"复古"分类中找到特效"胶片Ⅳ"，如图 7-72所示。将此特效添加至剪辑区，并调整其长度，使之与主视频轨道上的素材对齐。在属性栏中将特效的"滤镜"参数数值调节为10，此时"播放器"面板中的预览画面如图 7-73所示。

图 7-72

图 7-73

（5）对每段定格画面的位置和缩放大小进行调整，部分定格画面用于突出摔倒的小朋友，部分则用于突出焦急的妈妈，如图 7-74 和图 7-75 所示，形成镜头变化的分镜效果。

图 7-74

图 7-75

（6）在素材栏中单击"素材包"按钮🖼，查找比较合适的素材包。这里选择了素材包"极度无语|人脸特效"。将此素材包添加至视频末端，使之作用于最后一段素材。删除其中不需要的素材（如特效"大头"），并将其中的文字修改为"坚强 爬起来"，操作完毕后，剪辑区的素材排布如图 7-76 所示。至此，趣味抽帧效果制作完毕。

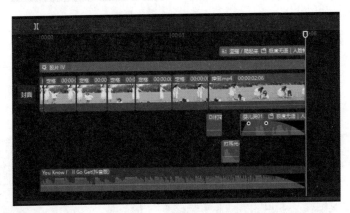

图 7-76

笔记小结

1. 导入素材，使用"定格"工具定格视频画面。

2. 添加音频素材，跟随音乐节奏调整视频素材长度，制作卡点效果。

3. 为视频素材添加特效边框。

4. 添加素材包，丰富画面。

“鬼畜”重复

为了强调一些重点画面，综艺中经常将同一个片段重复播放，进行“洗脑循环”，如图 7-77 所示。这种剪辑方法也被称为“鬼畜”重复，以重复的方式赋予视频节奏感，在重复中给观众留下深刻印象。

图 7-77

下面将对如何制作“鬼畜”重复效果进行说明。

（1）启动剪映专业版软件，单击“开始创作”按钮，在“媒体”面板中导入“扣篮.mp4”。接着把“扣篮.mp4”拖入剪辑区的主视频轨道，此时系统会自动建立一个与此素材比例相同的序列。将素材进行变速处理，使播放速度为原来的1.2倍。

（2）播放素材，浏览画面。将预览轴移动至人物扣篮处，单击“分割”按钮，将扣篮片段分割出来，使用快捷键Ctrl+C和Ctrl+V，将分割出来的素材复制两次，如图 7-78所示。

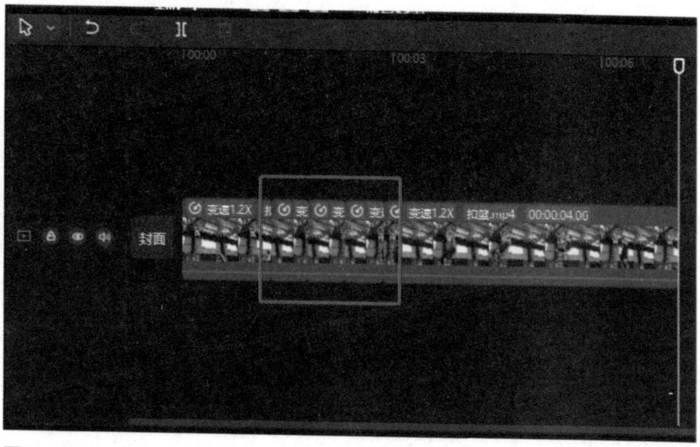

图 7-78

（3）在素材栏中单击"文本"按钮 TI ，在左侧单击"文字模板"选项，在"情绪"分类中选取如图 7-79 所示的模板，将之添加至剪辑区，使之与第一个重复素材对齐。

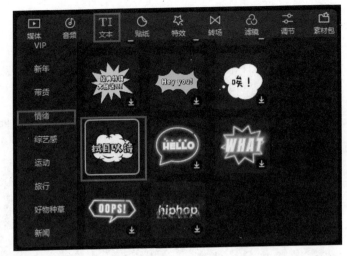

图 7-79

（4）使用快捷键Ctrl+C复制文字素材，使用快捷键Ctrl+V粘贴复制素材至第二个重复素材上方，操作两次。然后将模板中的文字依次修改为"进了""进了""他进了"。此时，剪辑区素材排布如图 7-80所示。

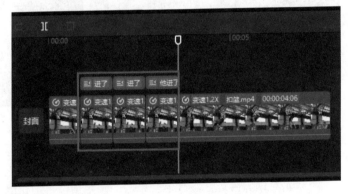

图 7-80

（5）在"播放器"面板的预览画面中调整文字素材和重复片段的位置和缩放大小，使重复片段逐渐放大，产生递进式的视觉冲击感，如图 7-81所示。

图 7-81

（6）在素材栏中单击"特效"按钮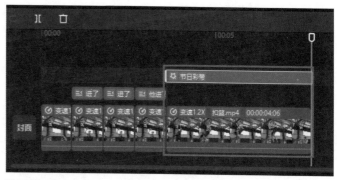，为视频添加合适的特效以丰富画面。单击"画面特效"选项，将"氛围"分类中的特效"节日彩带"添加至剪辑区，使之与最后一段素材对齐，如图 7-82 所示。画面效果如图 7-83 所示。

图 7-82

图 7-83

（7）在素材栏中单击"音频"按钮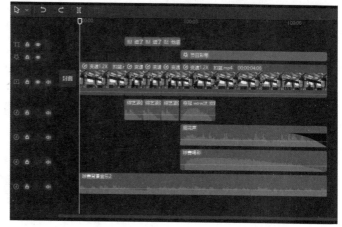，选择合适的音乐并将之添加至剪辑区。比如将音效"噔噔"添加在三段重复片段处；将音效"夺冠wow沃欢呼""烟花声""球赛喝彩"添加至特效"节日彩带"处；为整个视频添加音效"球赛背景音乐2"，如图7-84所示。至此，"鬼畜"重复效果制作完毕。

图 7-84

笔记小结

1. 导入视频素材，将重点片段分割、复制。

2. 新建文字，制作花字。

3. 逐个放大重点片段，调整画面主体和文字的位置和缩放大小。

4. 为视频添加合适的音乐、音效。

突出重点画面

在需要重点突出画面中的某个细节时，既可以调整画面的缩放大小突出细节，也可以使用特效进行局部放大，如图 7-85所示。如果需要进行突出展示的物件上带有标签，或者是不能出现在视频中的竞品，有时候需要为素材打上马赛克，这时候可以在相关位置添加马赛克贴纸。

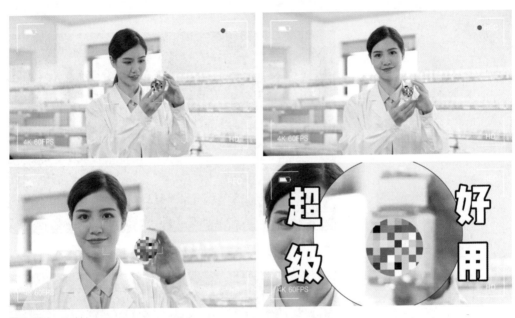

图 7-85

下面将对如何制作突出重点画面效果进行说明。

（1）启动剪映专业版软件，单击 "开始创作" 按钮█，在 "媒体" 面板中导入 "推荐.mp4"。接着把 "推荐.mp4" 拖入剪辑区的主视频轨道，此时系统会自动建立一个与此素材比例相同的序列。

（2）播放素材，浏览画面。将预览轴移动至人物拿出产品的位置，在属性栏中单击 "位置大小" 右侧的 "添加关键帧" 按钮█，在此处打上一个关键帧，如图 7-86所示。

图 7-86

（3）向右将预览轴移动至人物与镜头对视处，调整画面的位置和缩放大小，使产品位于画面中心，如图 7-87所示。此时系统会自动在此处打上关键帧，两个关键帧中间的画面慢慢放大。

图 7-87

（4）在素材栏中单击"特效"按钮，为视频添加合适的特效以丰富画面。单击"画面特效"选项，将"边框"分类中的特效"录制边框Ⅲ"添加至剪辑区，使之应用于整个视频，效果如图 7-88所示；将"基础"分类下的特效"放大镜"添加至剪辑区，使此特效素材的起始端与主视频轨道素材的第二个关键帧对齐，效果如图 7-89所示。此时剪辑区素材排布如图 7-90所示。

图 7-88

图 7-89

图 7-90

（5）在素材栏中单击"文本"按钮$\blacksquare$，在左侧单击"新建文本"选项，将"默认文本"添加至剪辑区，使之与特效"放大镜"对齐。在属性栏中输入文本内容"超级好用"，将字体修改为"新青年体"，选择合适的预设样式制作花字效果，根据画面效果调整字间距、行间距和对齐方式，如图 7-91和图 7-92所示。在"播放器"面板的预览画面中放大文字，使文字位于产品四周，如图 7-93所示。

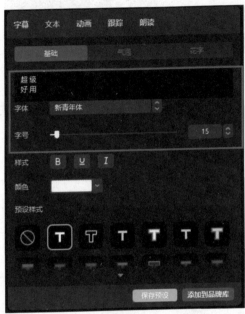

图 7-91

图 7-92

图 7-93

（6）在素材栏中单击"音频"按钮，选择合适的音乐并将之添加至剪辑区。比如将音效"嗖、咻"添加至主视频轨道素材的第一个关键帧处；为整个视频添加音效"动感现代片头背景音效"，如图7-94所示。至此，突出重点画面效果制作完毕。

图 7-94

如果需要给产品打马赛克，可以进行如下操作。

（7）单击"贴纸"按钮，搜索"马赛克"，选择一个马赛克贴纸，将之添加至剪辑区，使其起始端与主视频轨道素材的第二个关键帧对齐，如图 7-95所示。

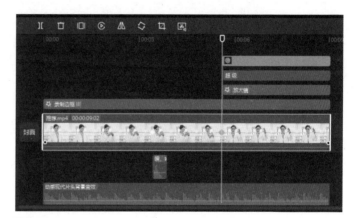

图 7-95

（8）在"播放器"面板的预览画面中调整贴纸"马赛克"的位置和缩放大小，使之遮住产品标签，如图 7-96所示。

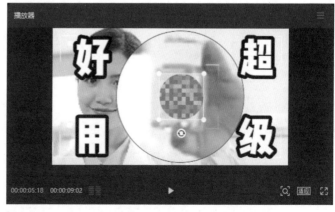

图 7-96

（9）在属性栏中，单击"位置大小"的右侧的"添加关键帧"按钮▨，打上一个关键帧，然后随着产品位置的变化调整马赛克的位置，系统将自动添加关键帧，如图 7-97所示。这样就可以完成打码了。

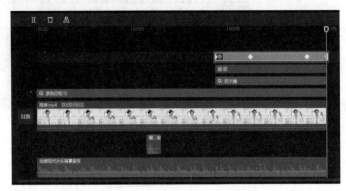

图 7-97

笔记小结

1. 导入视频素材，添加关键帧，实现画面放大。

2. 添加边框和放大镜特效。

3. 添加文本，调整文本样式。

4. 添加背景音乐和音效。

5. 根据个人需求添加马赛克贴纸。